●序

　本書は、姉妹書『円』に続き初等幾何学（図形に関する数...）を中心に書いたものである。トライアングルという有名な三角形の打楽器もあるが、三角形は文字通り、3つ (tri-) の角 (angle) を持った図形である。学ぶ学年順にはこだわらず、私なりに理解しやすいと思う流れとした。小中学生から、また数学を忘れかけている大人でも読めるように、次のようにした。

1. 見開き左頁に解説、右頁に図を添付し、図とともに理解できるようにした。
2. 角度は高校で使う弧度法 (rad) ではなく、小中学校で使う「°（度）」を使った。
3. 証明は中学数学レベルとした[*1]。
4. 中学レベルで学ぶ代数（計算）部分の計算方法を正確に説明しようとすると、本書の本来目的である図形に隠された性質を知って感じる説明のスペースが不足してしまう。したがって代数（計算）部分の説明は省略した。中学レベルの代数（計算）を習っていない小学生は結果を受け止めるだけでよい。
5. 三角形分野でも、「円」に深く関わる部分は姉妹書『円』で解説してある。合わせてお読みいただくと理解が深まる。

　本書は、満員電車の中でも気軽に読み進められる本であるが、とくに三角定規4セットを使って様々な図形を作って楽しんだり、いろいろな角度に回転してみたり、線をひく定規、コンパスなどで紙やノートに作図し「体感」してもらうとさらに楽しい。三角形を好きになるポイントは三角定規と遊ぶことである。

◆三角形の理解から広がる世界

　三角形を理解することは、次のような理解につながっていく。
1. 三角形を組み合わせた図形と考えることもできる四角形、五角形。
2. 高校で学ぶ三角比、三角関数の基礎。
3. ベクトルという向きと大きさをもった値やそれを基礎とする力、速度などの基礎。

　つまり本書『三角形』（と姉妹書『円』）をお読みいただくと、小中高に一貫した一つの流れが理解できるはずである。

◆活躍する三角形

　三角形は、いろいろな世界で活躍している。たとえば、地震の震源の深さ予測や橋梁の強度を高めるトラスなど、現代社会に欠かせない計測や構造である。またアニメ『新世紀エヴァンゲリオン』において、日本中の電力を集めて対抗した使徒ラミエルは三角形8つを外面に持つ八面体であったし、『アナと雪の女王』のエルサも氷の階段にトラス（三角形）構造を作った。この魅力的な三角形を一緒に学んでいこう。

[*1] まだ証明を習っていない小学生は、証明方法の部分の中で難しそうなものは読み飛ばし、結果だけ理解してもよい。

●名称と描き方
1. 部分の名称

　三角形 (triangle) は文字通り 3 つ (tri-) の角 (angle) を持つ図形であり、囲む線分を辺 (side) という。辺と辺が交わる点を頂点 (vertex) といい、その周りに角がある。辺を 2 等分する点を中点 (middle point) という。中点と対面する頂点を結び三角形を 2 分割する線を中線 (median line) といい、図が煩雑になるので表記しなかったが、3 本ある。辺は両端の頂点を並べた表記、すなわち辺 AB (BA)、辺 BC (CB)、辺 CA (AC) のような表記もするが、対面する頂点に対する小文字で表記することも多い。つまり AB (BA) は c、BC (CB) は a、CA (AC) は b となる。対面する辺と角をお互いに対辺、対角という。∠B の対辺は辺 b (CA)、辺 b (CA) の対角は ∠B となり、対角、対辺は同じアルファベットの大文字、小文字となる。この表現は最初は戸惑うかもしれないが、慣れると簡単である。三角関数など高校以降の数学ではこの記号で公式を表現するので小中学生のうちから慣れてしまおう。

　面積などを求める際には、水平に置く辺 BC を底辺 (base)、その両端の ∠B、∠C を底角 (basic angle)、上に位置する A を頂点という。頂点は広義には 3 点 (A, B, C) を示すが、この形で注目したときは特に A を指す。A から BC に下ろした垂線 (perpendicular) AH の長さを高さ (height) という。水平な辺 BC を底辺と見たほうが、3 頁で述べる「面積」をイメージしやすいが、場合によっては、「CA が底辺で B が頂点」「AB が底辺で C が頂点」とみなして考える場合もある。

2.（白紙の紙に）三角形を描く方法

　中学以降の作図はコンパスと直線を引くための定規は使うが分度器 (protractor) は使わないので分度器で角度を測る描き方は省略する。三角形の描き方は以下 3 つが代表例となる。

ア　3 点を結ぶ：ただし、3 点が同一直線上にあると描けない。

イ　1 つの線分の両端と 1 点を結ぶ：ただし、線分を延長して得られる直線上にその点があると描けない。

ウ　3 直線で 1 つの区画を囲む：ただし、少なくとも 2 直線が平行なとき、または 3 直線が 1 点で交わるときは描けない。

1. 部分の名称

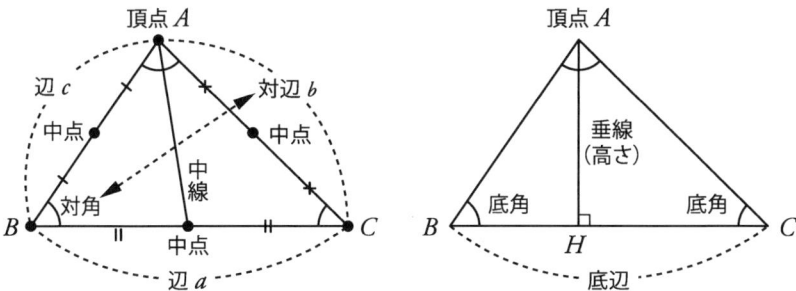

2. （白紙の紙に）三角形を描く方法

　ア. 3点を結ぶ

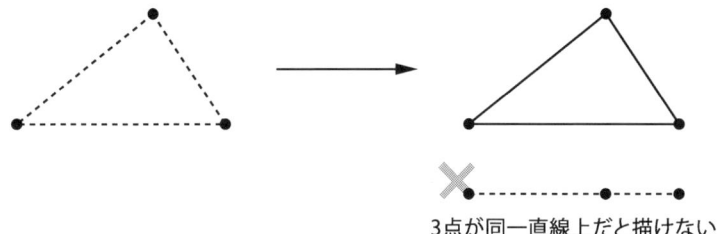

3点が同一直線上だと描けない

　イ. 1つの線分の両端と1点を結ぶ

線分を延長して得られる直線上に
その点があると描けない。

　ウ. 3直線で1つの区画を囲む

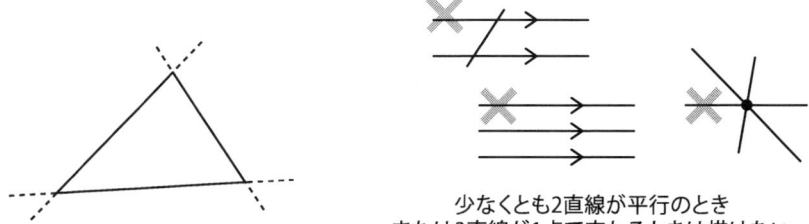

少なくとも2直線が平行のとき
または3直線が1点で交わるときは描けない
（→は互いに平行であることを示す）

●辺と角による分類

1. 辺の長さでの名称

3辺の長さが異なる三角形を不等辺三角形 (scalene triangle)、2辺の長さが等しい三角形を二等辺三角形 (isosceles triangle)、3辺とも長さが等しい三角形を正三角形 (equilateral triangle) という。正三角形は二等辺三角形の一種でもある。正三角形の角は3角とも60°となる。

2. 内角の和と外角の和

三角形の辺の延長線を伸ばしたとき、辺と延長線の間にできる角を三角形の外側にある角なので外角 (exterior angle) といい、これに対して、三角形内部の角を内角 (interior angle) という。なお、外角は頂点で交わる2辺のどちらを延長しても描けるので各頂点で2か所描け、2か所とも同じ角度となる。特に外角に注目しない場合、三角形の「角」といえば内角を示す。内角の和はどのような形の三角形でも必ず180°となる（→証明は11頁）。

外角の和は360°となり、次のように考えると実感できる。三角形を同じ形で拡大して学校の校庭に描き、ある頂点からある辺の方向に向きを決めて出発し、その三角形の周りを一周走ることを考えてみよう。走者は途中の2頂点で外角の分だけ「くいっ」と方向転換して、もとに戻ってきたところで、最後にもう1回「くいっ」と方向転換すると出発時の向きとなる。この場合、走者の方向は1回転したことになるので360°であり、向きを変えた3外角の和は360°となる。実はこの考え方でいうと（全ての）多角形においても同じ「方向転換して1回転」が成り立つので、「全ての多角形の外角の和は360°」となる。

3. 角の大きさでの名称

90°より小さい角を鋭角 (acute angle)、90°を直角 (right angle)、90°より大きく180°より小さい角を鈍角 (obtuse angle) という。鋭角のみを持つ三角形を鋭角三角形 (acute triangle)、直角をもつ三角形を直角三角形 (right triangle)、鈍角をもつ三角形を鈍角三角形 (obtuse triangle) という。直角が2つあると2線が平行になって三角形は描けない（→参考38頁）ので直角三角形の直角は1つである。2辺が等しい直角三角形は特に直角二等辺三角形という。

4. 二等辺三角形の辺と角の関係

二等辺三角形の長さが等しくない辺を底辺においてみた場合、左右の2辺は等しく、その2辺と底辺の間の左右の2角（2底角）が等しい（→証明は9頁）。

2辺が等しい場合は2角が等しいことがわかり、逆に2角が等しい場合は2辺が等しいことが分かる。この相互関係は図形の証明において非常に多用される。

1. 辺の長さでの名称

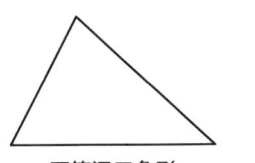 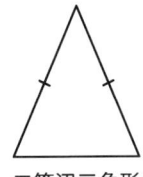 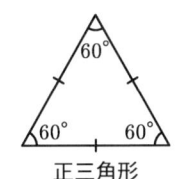

　　不等辺三角形　　　　二等辺三角形　　　　正三角形
　　　　　　　　　　　　　　　　　　　　（二等辺三角形の一種）

2. 内角の和と外角の和

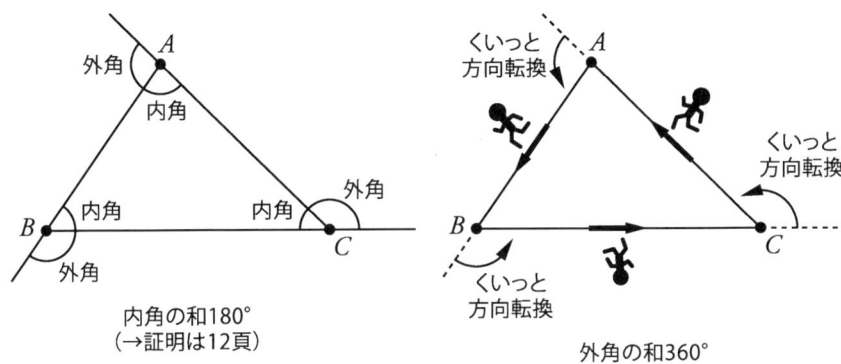

3. 角の大きさでの名称

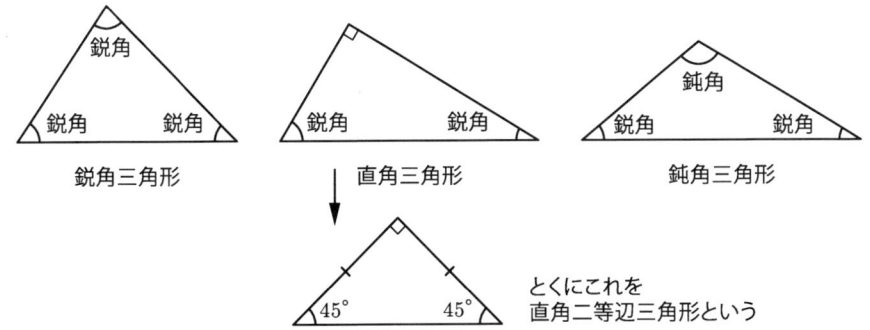

4. 二等辺三角形の辺と角の関係

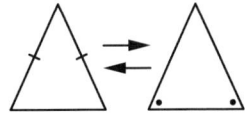

図頁2

●面積

1. 面積 (area) を求める公式とその証明

三角形の面積の公式は「$\frac{1}{2}\times$ 底辺 $\times$ 高さ」である。これを図で確認してみよう。

ア 直角三角形の場合

　　直角が底角の1つとなるように置くと、底辺と直角に交わる辺が高さとなる。この三角形をコピーしたものを 180°回転し配置したものを元の三角形とくっつけると長方形となる。長方形の面積は「底辺 $\times$ 高さ」となるので、元の三角形の面積はこの長方形の半分となる。

イ 直角三角形以外の場合

　　その三角形をコピーしたものを 180°回転し配置したものを元の三角形とくっつけると平行四辺形となる。平行四辺形の面積は「底辺 $\times$ 高さ」である。このことは平行四辺形の片側の飛び出た三角形部分をきりとって、反対側に移動してはりつけると長方形になることでも確認できる。もと三角形の面積はこの平行四辺形（長方形）の面積の半分となる。

2. 等積変形（等積移動・equivalent transformation）

底辺が同じ場合、頂点を底辺と平行に左右に移動させても、高さは同じになるので「$\frac{1}{2}\times$ 底辺 $\times$ 高さ」が常に等しく、面積は常に等しくなる。このように頂点を底辺との平行線上で移動させ、形は異なるが同じ面積の三角形に変換することを等積変形（等積移動）という。図形の中にある三角形にこの等積変形（等積移動）を考えると、図形の面積算出のヒントとなることがある。

3. 中線は三角形の面積を 2 等分する

底辺の中点に頂点から引いた中線を考えると、高さが同じで底辺の長さも同じ 2 つの三角形に分割されるので、両三角形は「$\frac{1}{2}\times$ 底辺 $\times$ 高さ」が同じで面積が等しくなる。つまり中線は元の三角形の面積を 2 等分する。ただし 2 つの三角形の形は同じとなるとは限らない。元の三角形が二等辺三角形の場合、等しい 2 辺を左右に配置すると頂点と底辺の中点を結ぶ中線は面積を 2 等分するだけでない。分割された左右 2 つの三角形は 3 辺が等しく、合同（形も大きさも同じ）な三角形となる（→ 9 頁）。

4. 三角形の面積の求め方は様々ある　〜数学には様々な解き方がある〜

三角形の面積の公式として「$\frac{1}{2}\times$ 底辺 $\times$ 高さ」を習うが、この他にもこれから 19、20、26 頁で述べるような、様々な面積の求め方がある。1 つの山の頂上に登る場合、複数のルートがあると同様に、数学でも、同じ答えにいたるのにも様々な求め方があることをこれから楽しんでいこう。

1. 面積(area)を求める公式とその証明

   三角形の面積 = $\frac{1}{2}$ × 底辺 × 高さ

   ア. 直角三角形の場合

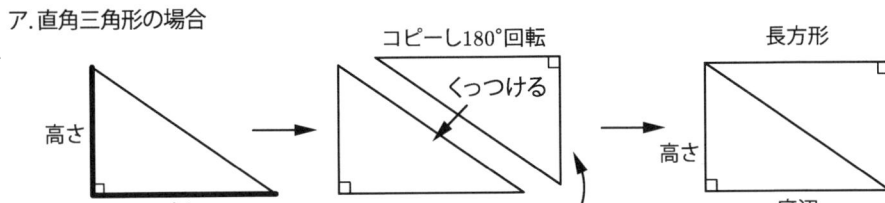

   イ. 直角三角形以外の場合

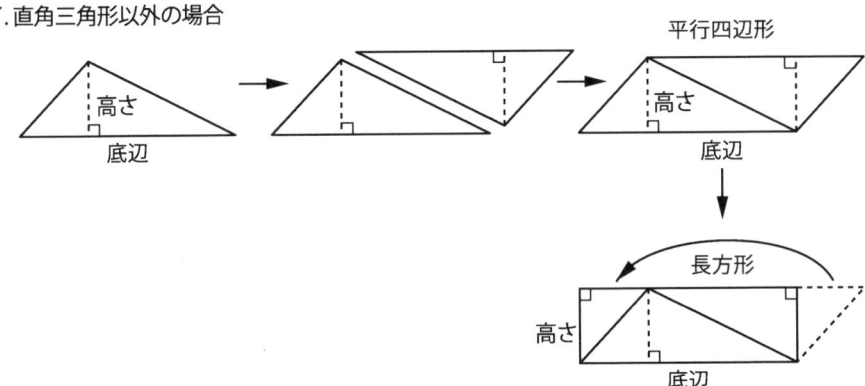

2. 等積変形(等積移動・equivalent transformation)

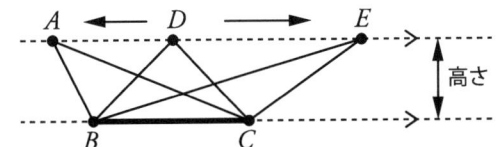

   △ABC、△DBC、△EBC の面積は同じ

3. 中線は三角形の面積を2等分する

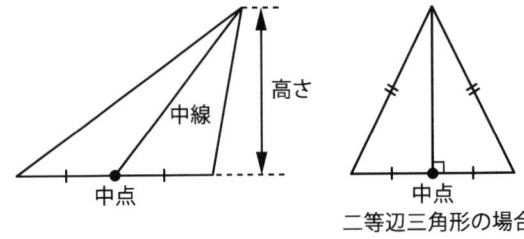

●三平方の定理と証明

1. 辺比 3：4：5 の直角三角形と三平方の定理

古代エジプトより、辺比 3：4：5 の三角形は 3 と 4 の辺の間の角が直角になると知られており、土地の測量などの際使われてきた。古代ギリシャのピタゴラスは、$3^2 + 4^2 = 5^2$ $(9 + 16 = 25)$[*2] の関係に注目し、一般的に直角三角形において直角をはさむ 2 辺の長さそれぞれの 2 乗の和が斜辺の長さの 2 乗になるという関係を見出した。図のように直角を底角の 1 つと置いた場合、その対辺は最も長い辺で、斜めの位置となるので斜辺 (hypotenuse) という。直角を作る 2 辺を a、b、斜辺を c とした場合、この関係は $a^2 + b^2 = c^2$ と表すことができる。

直角三角形におけるこの辺の長さの関係を三平方の定理（ピタゴラスの定理）という。図で示すと、辺の平方（2 乗）は正方形の面積を示すので、直角を作る 2 辺それぞれで作った正方形の面積の和が、斜辺で作った正方形の面積に等しいこととなる。a、b、c は整数でなくてもよいが、a、b、c が 1 以外の公約数を持たない整数である場合、この 3 数をピタゴラス数といい、3：4：5 の他にも、5：12：13 ($5^2 + 12^2 = 13^2$、$25 + 144 = 169$)、7：24：25、8：15：17、9：40：41…と無数に存在する。ピタゴラス数の長さの 3 辺を持つ三角形は直角三角形となる。

2. 震源の深さ推定と直角三角形の辺比（理論）

地震の発生時刻、地震波の速度、震源 (hypocenter) の深さ、震源の真上の地表部である震央 (epicenter) の位置の推定は、地震波を観測した複数の観測所のデータを総合して行う。実際にはもっと複雑であるが、1 観測地点を例に発生時刻、到達時刻、地震波（初めに伝わる P 波）の速度が分かると、三平方の定理で震源の深さが推定できる。a（観測地点と震央の距離）、b（震源の深さ）、c（地震波速度と地震波到達時間から計算できる震源と観測地点の間の距離）が直角三角形の形となり、$a^2 + b^2 = c^2$ が成り立つ。c が 地震波速度（秒速 5 km）× 地震波到達時間（5 秒）= 25 km、a が 20 km の場合、$c : a : b = 5 : 4 : 3$ の関係で震源の深さは 15 km と推定できる。5：4：3 のわかりやすい比で説明したが、どんな値でも $a^2 + b^2 = c^2$、すなわち $b^2 = c^2 - a^2$ の式に c、a を入れれば、b（震源の深さ）は求められる。

3. 三平方の定理の証明

多彩な証明法があるが、三角定規 4 つで作れる左図で、大きな正方形の面積が三角形と中央の正方形の面積に和に等しいことを使って証明できる。

[*2] a を 2 回かける $(a \times a)$ ことを a^2 と書き、a の 2 乗（平方）という。

1. 辺比3:4:5の直角三角形と三平方の定理

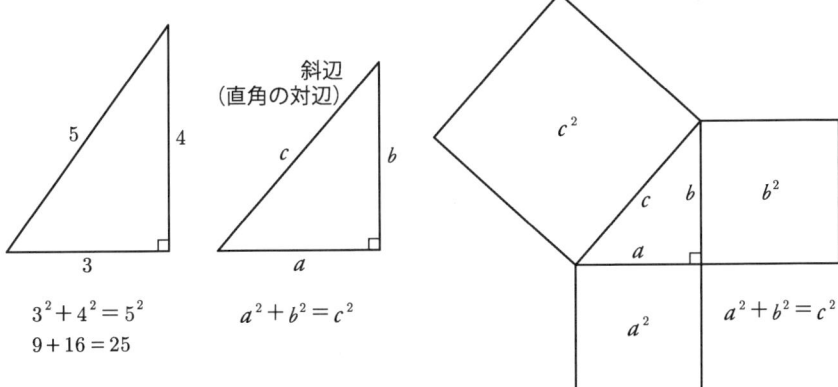

2. 震源の深さ推定と直角三角形の辺比

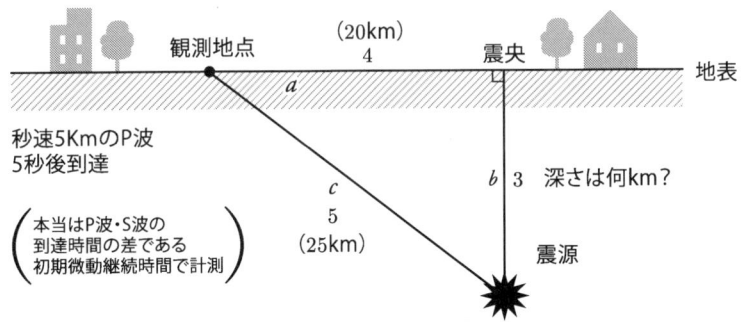

3. 三平方の定理の証明

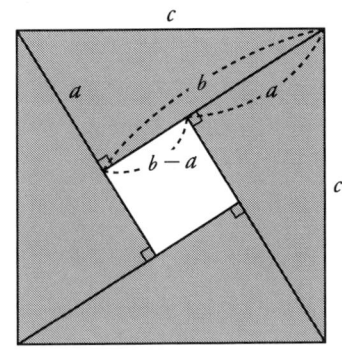

グレーの三角形4つ分　白い四角形

$$c^2 = \overbrace{\frac{1}{2}ab \times 4}^{} + \overbrace{(b-a)^2}^{}$$
$$= 2ab + b^2 - 2ab + a^2$$
$$= a^2 + b^2$$

●三角定規の 2 つの直角三角形

1. 三角定規の 2 つの直角三角形の角度、辺比
商品によって大きさは若干異なるが、辺比と角度は完全に統一されている。

ア「45° triangle」

1 つ目の三角定規は「直角二等辺三角形」で、直角（90°）以外の 2 角は 45° となるので、45° triangle という。直角をはさむ 2 辺の長さを 1 とすると三平方の定理から斜辺は $\sqrt{2}$（ルート 2）となる。$\sqrt{2}$ とは 2 回かけて 2 になる数のことで、約 1.41 である（→ 7 頁参照）。この「45° triangle」は辺比で表現すると、「$1:1:\sqrt{2}$ の直角三角形」となる。

イ「30°–60° triangle」

もう 1 つの三角定規は「よりとがっている」印象があるように、直角以外の角は 30° と 60° となり、30°–60° triangle という。60° と直角にはさまれる一番短い辺を 1 とすると斜辺が 2、30° と直角にはさまれる辺は三平方の定理から $\sqrt{3}$ となる。$\sqrt{3}$ とは 2 回かけて 3 になる数のことで、約 1.73 である（→ 7 頁参照）。この「30°–60° triangle」は辺の長さの比で表現すると、「$2:1:\sqrt{3}$ の直角三角形」となる。

2. ピタゴラスが三平方の定理を思いつくヒントとなったとされるタイル模様

ピタゴラスが三平方の定理を思いつくヒントとなったタイルは、正方形に対角線の斜線が入った直角二等辺三角形の繰り返しタイルである。ある直角二等辺三角形に注目し、その斜辺を辺とする正方形を見出す。次に、直角をはさむ辺を辺とする正方形 2 個を見出す。すると、直角をはさむ辺の作る 2 個の正方形の面積の和が、斜辺の作る正方形の面積になっている関係、つまり $1^2 + 1^2 = (\sqrt{2})^2$ に気付きやすい。この図で「45° triangle」は正方形を 2 等分したものと確認できる。

3. 30°–60° triangle は正三角形を 2 等分したもの

一方、「30°–60° triangle」は正三角形を 2 等分したものである。したがって 1 辺 a の正三角形の高さは $\frac{\sqrt{3}}{2} \times a$、面積は $\frac{\sqrt{3}}{4} \times a^2$ となる。（→面積については 19 頁参照）

4. 混同しやすい直角三角形

「$3:4:5$ の直角三角形」「30°–60° triangle」（$1:\sqrt{3}:2$ の直角三角形）「$1:2:\sqrt{5}$ の直角三角形」は形は似ているが、全て異なる三角形であることに注意してほしい。$3:4:5$ と $1:2:\sqrt{5}$ の三角形では角はピタリとした数字にならない。特に $1:\sqrt{3}:2$ と $1:2:\sqrt{5}$ では、辺比 $1:2$ の部分が似てみえるが、2 が斜辺であるか、直角をはさむ辺であるかが異なる。

1. 三角定規の2つの直角三角形の角度、辺比

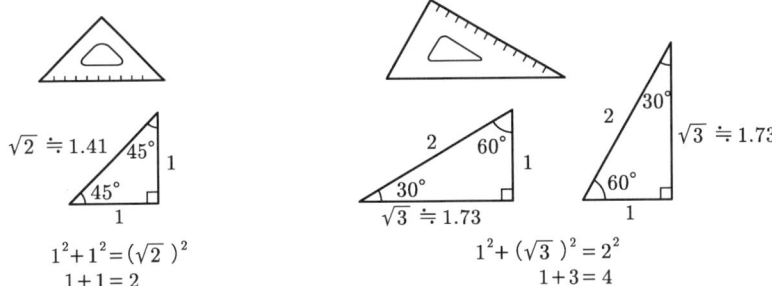

2. ピタゴラスが三平方の定理を思いつくヒントとなったとされるタイル模様

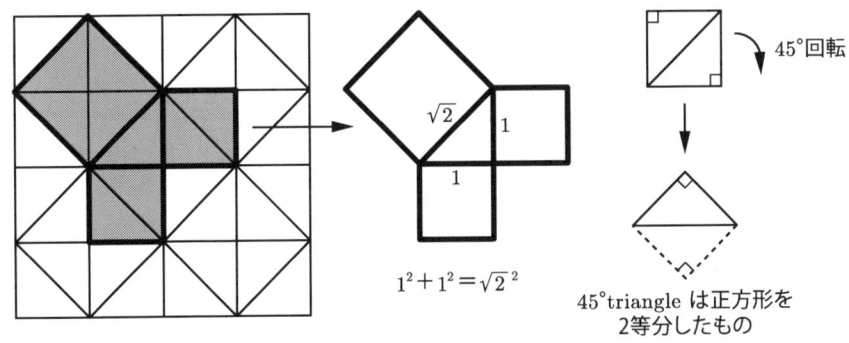

3. 30°−60°triangle は正三角形を2等分したもの

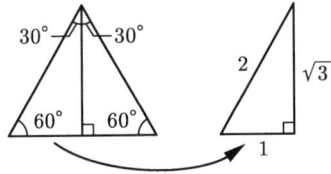

4. 混同しやすい直角三角形

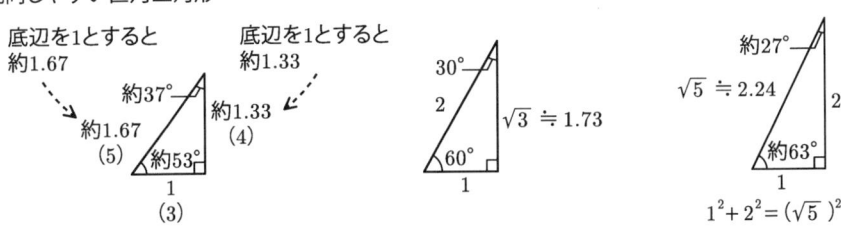

図頁5

●三角定規 2〜4 個の組み合わせでできる三角形、四角形

　三角定規は 1 セットしか買っていない人も多いと思うが、同じ三角定規を 4 セット買って遊ぶと楽しいし、図形のイメージづくりになる。

　4 セット揃えると、ほとんどの種類の四角形が組み立てられる（→四角形の種類は姉妹書『円』11 頁参照）。また、高校で学ぶ三角関数、ベクトル、力や速度の合成・分解、そして建築の基礎理論の把握などにも、この小学校から使ってきた 2 種の三角定規「45° triangle」「30°–60° triangle」の角や辺比が多用されているので、この 2 種をいろいろな角度に動かして見慣れておくとよい。4 セット揃えても 500〜1000 円程度かそれ以下である。「45° triangle」「30°–60° triangle」との数学、理科の世界でのつきあいは 10 年以上になるので、500〜1000 円出す価値はある[*3]。

1.「45° triangle」での組み合わせ図形

　まずは 1 個取り出し、様々な角度に徐々に回転して、1 回転するまで様々な位置で止め、その形のイメージを把握しよう。また裏返して同じことをしてみよう。（26 頁の三角関数の把握のときにも同じことをやってみよう）

　次に組み合わせでみる。2 個、4 個で同じ形の直角三角形ができ、それぞれの辺の長さは $\sqrt{2}$ と 2、2 と $2\sqrt{2}$ となり、その比はいずれも $1:\sqrt{2}$ となる[*4]（→ 10 頁相似と相似比）。2 個で正方形も作ることができる（→ 5 頁のピタゴラスのタイル模様の確認）。四角形では台形、等脚台形、平行四辺形、長方形、正方形ができる。

2.「30°–60° triangle」での組み合わせ図形

　まずは 1 個取り出し、様々な角度に徐々に回転して、1 回転するまで様々な位置で止め、その形のイメージを把握しよう。また裏返して同じことをしてみよう。（→ 26 頁の三角関数の把握のときにも同じことをやってみよう）

　2 個を組み合わせると、正三角形となる（→ 5 頁）。$2:2:2\sqrt{3}$（比 $1:1:\sqrt{3}$）の二等辺三角形（30°, 30°, 120°）は図形の証明で使われることもある（→ 18 頁ナポレオンの定理）。4 個を組み合わせると同じ形の三角形となり、辺は $4:2:2\sqrt{3}$（比 $2:1:\sqrt{3}$）となる。この 4 個の組み合わせは中点連結定理の理解に結びつく（→ 13 頁）。

　四角形では台形、等脚台形、たこ形、平行四辺形、長方形、ひし形、長方形ができるが正方形はできない。ただし「すきま」をつくってよいとすれば正方形ができ、三平方の定理の証明に活用される（→ 4 頁）。

[*3] 紛失したときの予備にもできるし、授業に三角定規を持ってくるのを忘れた友達に 1 セット貸すと喜ばれる。

[*4] $2 = \sqrt{2} \times \sqrt{2}$ なので、$\sqrt{2}:2 = \sqrt{2}:\sqrt{2}\times\sqrt{2} \to \sqrt{2}$ で割ると $\to 1:\sqrt{2}$。$2:2\sqrt{2} \to 2$ で割ると $1:\sqrt{2}$。したがって比はいずれも $1:\sqrt{2}$。

1. 「45°triangle」での組み合わせ図形

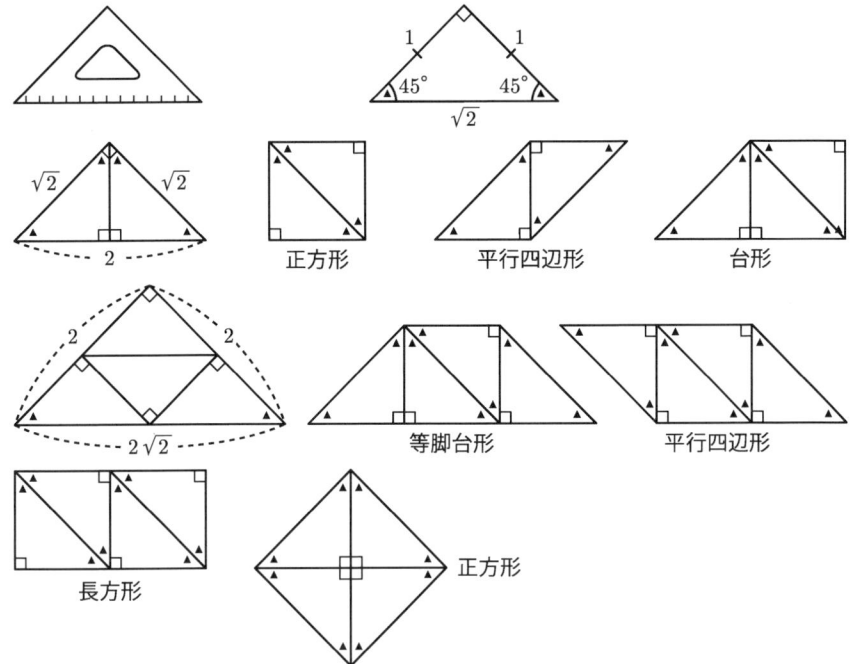

2. 「30°－60°triangle」での組み合わせ図形

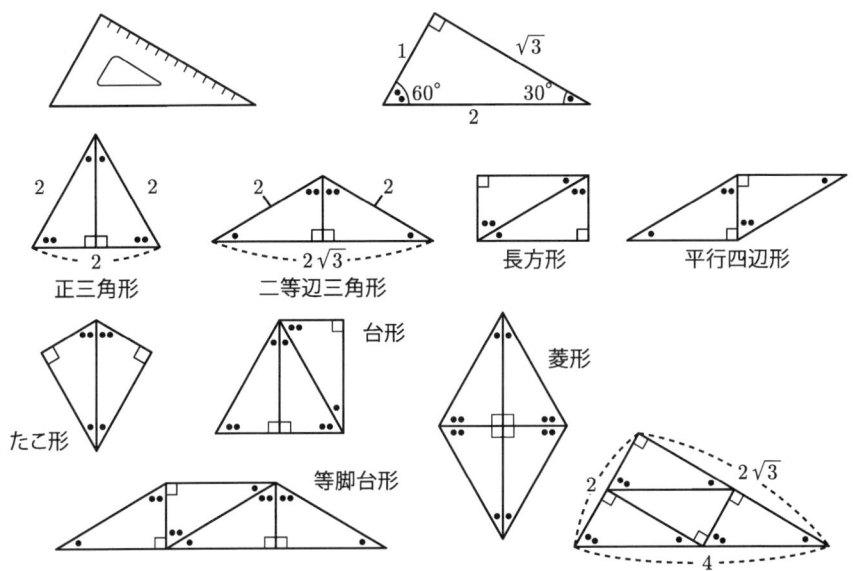

●身近にある $\sqrt{2}$

1. $\sqrt{}$（ルート）の長さを確かめる方法

2回かけて（2乗して）nになる数を $\sqrt{n}$（－まで考える場合は $\pm\sqrt{n}$）とし、「n の平方根 (square root)」という。$\sqrt{n}$ は「ルート n」と読む。n が整数を2回かけた数、たとえば 1 (1^2)、4 (2^2)、9 (3^2)、16 (4^2)、25 (5^2)…の場合、$\sqrt{1}=1$、$\sqrt{4}=2$、$\sqrt{9}=3$、$\sqrt{16}=4$、$\sqrt{25}=5$…となり平方根は整数となる。しかしそれ以外の数であれば、$\sqrt{2}$ (2回かけて2になる数) $=1.41421356\cdots$、$\sqrt{3}=1.7320508\cdots$、$\sqrt{5}=2.2360679\cdots$ など割り切れない数（循環しない無限小数）となるので、$\sqrt{n}$ のままで示す。$\sqrt{2}$、$\sqrt{3}$、$\sqrt{5}$ は小数点以下 7、8 桁までの覚え方も考えられている[*5]。

イメージしにくい $\sqrt{}$ の数を長さとして実感できる方法を考えてみよう。

辺の長さ 1 の正方形 $ABCD$ を描き、その底辺 AB を延長した直線 l、DC を延長した直線 m を描く。対角線 BD の長さは $\sqrt{2}$ となる（4頁、5頁）ので、A を中心とし、対角線 AC を半径とする円を描き l との交点 E を求めると AE は $\sqrt{2}$ となる。E から m への垂線と m との交点を F とする。$\triangle AEF$ は直角をはさむ 2 辺が $\sqrt{2}$、1 の直角三角形なので、三平方の定理より $AF^2=(\sqrt{2})^2+1^2=3$ となり、$AF=\sqrt{3}$ となる。次に A を中心とし AF を半径とする円が l と交わる点を G を求めると $AG=\sqrt{3}$ となる。G から m への垂線と m との交点を H とすると、$AH^2=(\sqrt{3})^2+1^2=4$ で、$AH=\sqrt{4}=2$ となる。この操作の繰り返しで $\sqrt{n}$（$n=1$、2、3、4、5、6…）の長さを描くことができる。

2. 身近な $\sqrt{2}$　〜紙の A・B 規格

ノートやコピー用紙に使われる A、B 規格の長方形は実は 2 辺比が $1:\sqrt{2}$ の長方形である。模造紙の一種としても使われている A0 判を半分に切るごとに A1 → A2 → A3 → A4 → A5 → A6 判となる。A4 判は市役所などの行政の公的文書に使用され、A5 判はこの本、A6 判は文庫本サイズとなる。手元の文庫本を 2 冊、この本に載せて確かめるとよい。標準サイズのノート（B5 判）に使われる B 規格は同じ番号の A 規格より若干大きいが、2 辺比は $1:\sqrt{2}$ で B0 を次々に半分に切る作業で → B1 → B2 → B3 → B4 → B5 → B6 となる点は同じである。

3. 「真ん中で切ってもとと形が同じ」という不思議

正方形や辺比 1:2 の長方形を真ん中で切っても同じ形とはならない。A 判、B 判の紙を真ん中で切ってもと同じ形になるのは、辺比が $1:\sqrt{2}$ だからである。

[*5] 本書で概数を計算するときは、小数点以下 3 桁を四捨五入して $\sqrt{2}\fallingdotseq 1.41$、$\sqrt{3}\fallingdotseq 1.73$、$\sqrt{5}\fallingdotseq 2.24$ を用いる。

1. √ の長さを確かめる方法

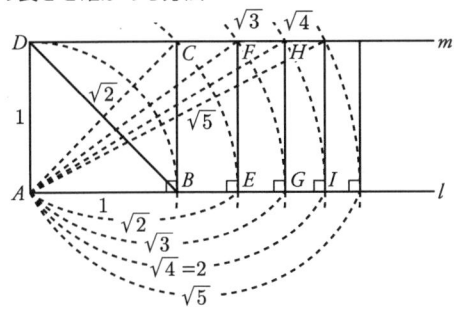

$\sqrt{2} = 1.41421356\cdots$
（一夜一夜に人見頃）

$\sqrt{3} = 1.7320508\cdots$
（人並みにおごれや）

$\sqrt{5} = 2.2360679\cdots$
（富士山ろくオウム鳴く）

2. 身近な $\sqrt{2}$ 〜紙のA・B規格〜

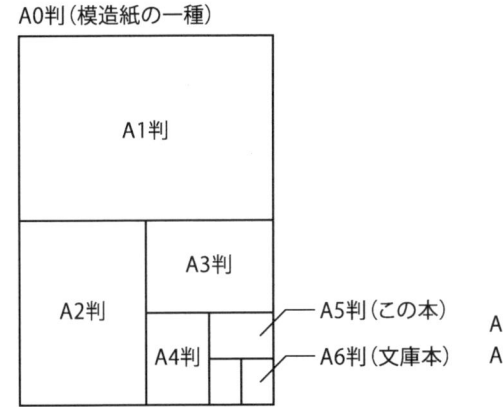
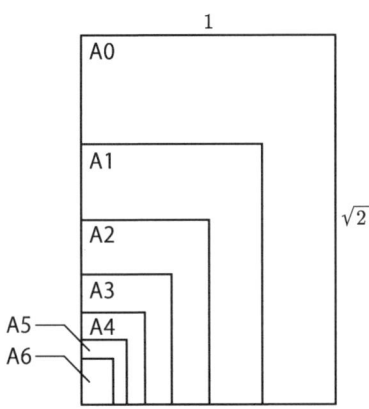

3. 「真ん中で切って、もとと形が同じ」という不思議

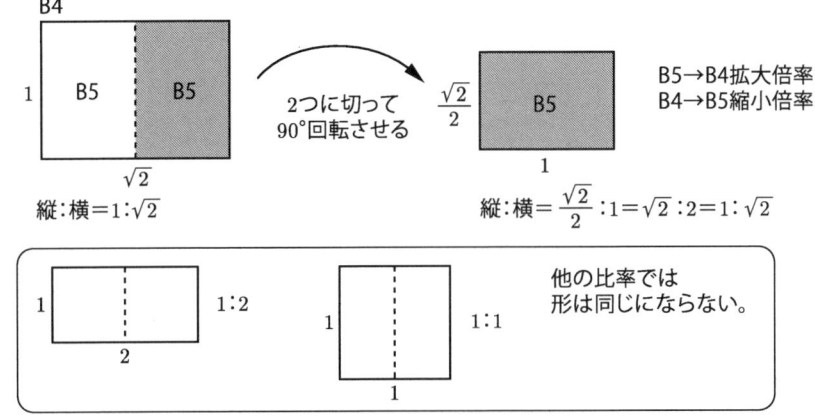

B5→B4拡大倍率は？
B4→B5縮小倍率は？

他の比率では
形は同じにならない。

図頁7

●合同、相似とは？

1. 合同

図形が形も大きさも同じ場合、合同 (congruence) であるという。合同な図形では対応する線分（辺）の長さは等しく、対応する角の大きさも等しい。図形が合同であることを記号「≡」で示す。$\triangle ABC$ と $\triangle DEF$ が合同の場合、$\triangle ABC \equiv \triangle DEF$ と書ける。合同な三角形の場合、図のように対応する3辺、3角は等しい。また図がどの向きに置かれていても、「裏返し」になっていても3辺、3角が一致している三角形は合同である（右図ア、イ、ウ）。合同は対応する頂点の順番を正確に守って表記する。「$\triangle ABC \equiv \triangle DEF$」が正確で、「$\triangle ABC \equiv \triangle EFD$」「$\triangle ABC \equiv \triangle FDE$」のように順序を対応させずに表記するのは好ましくない。順序を正確に対応させておくと、図形の証明などで、対応する辺や角を考えるとき、順番通りに考えればよいから楽である。

$\triangle ABC \equiv \triangle DEF \to AB = DE$、$BC = EF$、$CA = FD$、$\angle A = \angle D$ ($\angle BAC = \angle EDF$)、$\angle B = \angle E$ ($\angle ABC = \angle DEF$)、$\angle C = \angle F$ ($\angle ACB = \angle DFE$)。

2. 相似

2つの図形があって、一方の図形を拡大 (enlarging)、縮小 (shrinking) したものと他方が合同の場合、この2つの図形は相似 (similarity) であるという。

相似の図形では、対応する角は等しく、対応する線分（辺）の長さの比は等しい。$\triangle ABC$ とその縮小図形 $\triangle GHI$、$\triangle ABC$ とその拡大図形 $\triangle JKL$ は相似で、$\triangle ABC \backsim \triangle GHI$、$\triangle ABC \backsim \triangle JKL$ と書け、更に $\triangle ABC \backsim \triangle GHI \backsim \triangle JKL$ と3つ併記してもよい。「$\backsim$」は similarity（相似）の s を横倒しにした記号である。向きが異なっても、裏返しでも、対応する角がすべて等しければ相似である。

3. 平行線と相似・合同、平行線で分割される線分の長さの比

点 O で交差する2直線上の点 M、N を結んだ直線 MN に平行で2直線と交わる複数の平行線を考えると、O を頂点の1つとし、2直線と平行線に囲まれた様々な三角形ができる。これらの三角形は全てお互い相似となる（点 O の両側で辺の長さが等しくなる $\triangle OPQ$ と $\triangle OSR$ は合同となる）。

複数の平行線群に直線が交わるとき、その直線が各平行線で分割された長さの比は、平行線間の距離の比となる。$AB : BC : CD : DE = FG : GH : HI : IJ = 1 : 1 : 1 : 2$ となるが、これは2直線を1点に集まるように考え、そこにできる相似の三角形の相似比（→ 10 頁）で考えると理解できる。

1. 合同

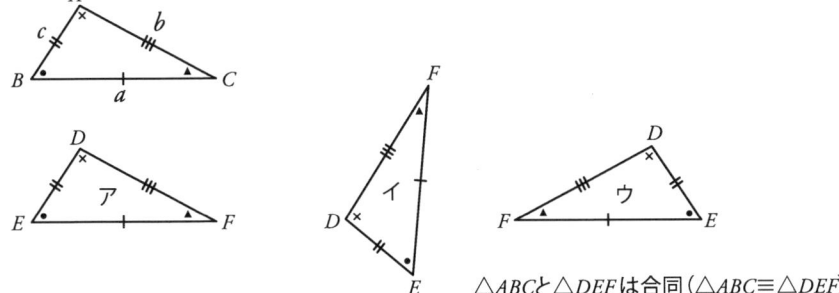

△ABCと△DEFは合同（△ABC≡△DEF）

2. 相似

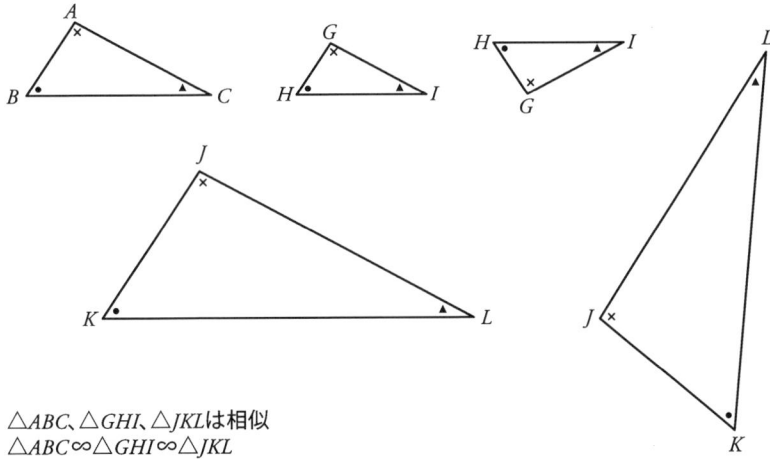

△ABC、△GHI、△JKLは相似
△ABC∽△GHI∽△JKL

3. 平行線と相似・合同、平行線で分割される線分の長さの比

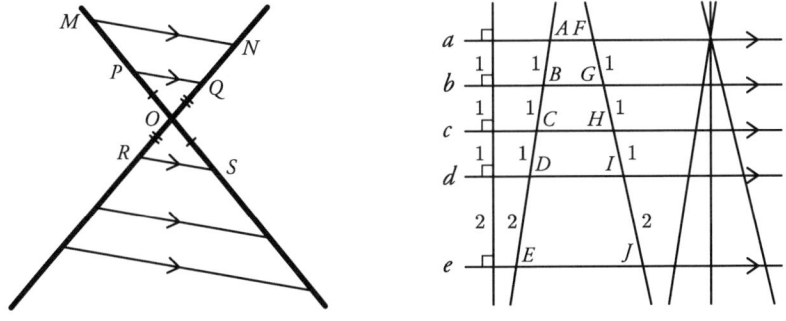

図頁8

●三角形の合同条件

　合同な三角形は対応する3辺、3角という6つの値が一致する。ただ6つ全てが一致することを確かめなくても、このうち3つが等しいとわかれば、合同とわかり、残り3つも等しくなる。これを三角形の合同条件という。合同条件には以下3つがあるが、このうちどれかが証明できれば、三角形の合同が証明できるので、状況によってどの条件を使うかを考える。

1. 3組の辺がそれぞれ等しい（三辺相等）
　　図形が配置されている向きが異なっている場合でも、3組の辺が等しいことがわかれば対応する向きに置き換えることで、合同な三角形だと分かる。
2. 2組の辺とその間の角がそれぞれ等しい（二辺夾角相等）
　　2組の辺の間の角でないものが同じ場合には、右図のように2つ異なる三角形が描けてしまうこともあるので、合同とは限らない。必ず2組の辺と「その間」の角であることを明記するために「二辺夾角」と表現する。夾とは「はさむ」（2辺の間にはさまれた）という意味である。
3. 1組の辺とその両端の角がそれぞれ等しい（二角夾辺相等）
　　2組の角の間に1組の辺がはさまれているともみなせるので「二角夾辺相等」という。

◆直角三角形の合同条件

　直角三角形の場合、上記3条件がそろっていないように見えても、以下2条件がそろっていると合同を証明できる。この2条件を特に「**直角三角形の合同条件**」という。実質的には上記3「二辺夾辺」と同じ内容であるが、直角三角形の合同の証明が楽になるので知っておいたほうがよい。

ア 「斜辺と1つの鋭角がそれぞれ等しい」（斜辺と1鋭角）
　　実は「直角」「1鋭角」の2角が分かると、三角形の内角の和は180°なので、「もう1つの鋭角 = 180° − (90° + わかっている鋭角)」で計算でき、1鋭角が等しければ、もう1つの鋭角も等しい。すると斜辺とその両端の角で「二角夾辺相等」となる。

イ 斜辺ともう1組の辺がそれぞれ等しい（斜辺と1辺）
　　一致する1組の辺を背中合わせにし、斜辺を左右に配置してくっつけると、二等辺三角形となる。したがって底角が等しいとわかり、残りの角も等しいと分かるので、これも「二角夾辺相等」となる。また「二辺夾角相等」と見ることもできる（この図は3頁の二等辺三角形2分割の図と同じなので確認してほしい）。

1. 三角形の合同条件

1. 3組の辺がそれぞれ等しい（3辺相等）

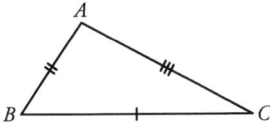
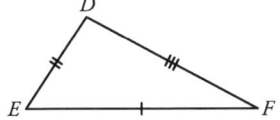

2. 2組の辺とその間の角がそれぞれ等しい（2辺夾角相等）

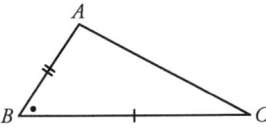
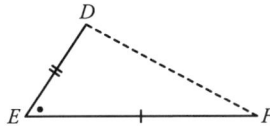
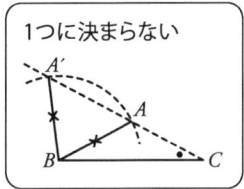

1つに決まらない

3. 1組の辺とその両端の角がそれぞれ等しい（2角夾辺相等）

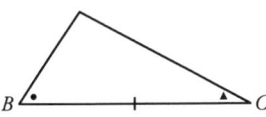
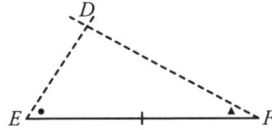

◆直角三角形の合同条件

ア. 斜辺と1つの鋭角がそれぞれ等しい　　　証明（実は2角夾辺相等）

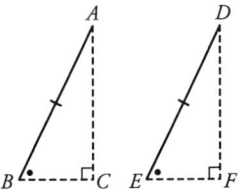
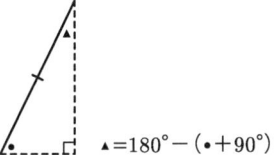

▲ = 180° − (• + 90°)

イ. 斜辺ともう1辺がそれぞれ等しい　　　証明（2つ背中合わせに結合→2角夾辺相等
　　　　　　　　　　　　　　　　　　　　　　　　　あるいは2辺夾角相等）

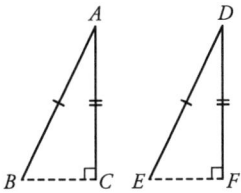
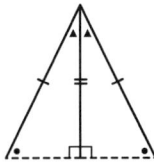

図頁9

●三角形の相似条件

相似な三角形は、対応する3角が一致し、3辺の比が等しい。この6つ全てを確かめなくても、このうち2つ、3つが等しい（比が等しい）とわかれば、相似とわかり、残りの角や辺比も等しいと分かる。これを三角形の相似条件という。相似条件は合同条件よりも緩い。このうちどれかが証明できれば、三角形の相似が証明できるので、状況によってどの条件を使うかを考える。

1. 3組の辺の比がそれぞれ等しい（三辺比相等）

    なお、この比を相似比といい、面積の計算などにも用いる。この比が1：1となる場合は合同となる。

2. 2組の辺の比とその間の角がそれぞれ等しい（二辺比夾角相等）

    前頁と同様、2辺の間でない角が等しくても相似とは限らないことに注意。

3. 2組の角がそれぞれ等しい（二角相等）

    2角が等しければ、三角形の内角の和は180°なのでもう1つの角も「180°－2角の和」で計算でき、3角が等しくなる。つまり2角が等しければ必ず3角が等しくなるので、実質的には「三角相等」ともいえる。

◆相似比と面積比

$\triangle ABC$ と $\triangle DEF$ が相似で相似比が1：2ならば、辺比は1：2であることが分かる。三角形の面積＝「$\frac{1}{2}$×底辺×高さ」で、$\triangle DEF$ は底辺、高さとも $\triangle ABC$ の底辺、高さの2倍になるので、面積は4倍になる。相似比が1：3ならば面積比は1：9、相似比が $1：p$ ならば面積比は $1：p^2$、相似比が $p：q$ ならば面積比は $p^2：q^2$ となる。

◆直角三角形の直角を頂角にして垂線で分割した2つの三角形は相似

直角三角形の直角を頂角に置き、斜辺に垂線を下ろして2分割すると、2分割した2つの直角三角形、そして元の直角三角形は、すべて互いに相似である。それは向きを変えて置き換えると分かる。そしてこの直角三角形の辺相互には相似比の関係があるので、各辺（線分）の長さが分かる。ただ位置関係が混乱しやすく、対応する辺を間違いやすいので、最初に $\triangle ABC \backsim \triangle AHB \backsim \triangle BHC$ と対応する頂点の順番を正確に合わせて明記し考えるとよい。直角三角形の直角を頂角に置いて垂線を下ろして分割する方法で、無限に「入れ子」のように相似な三角形が描ける。

1. 3組の辺の比がそれぞれ等しい

$a:a'=b:b'=c:c'$
$(a:b:c=a':b':c')$

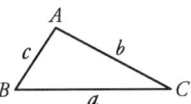 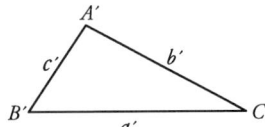

2. 2組の辺の比とその間の角がそれぞれ等しい

$a:a'=c:c'$
$(a:c=a':c')$
$\angle B=\angle B'$

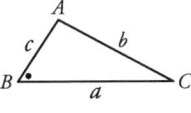 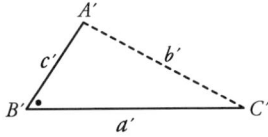

3. 2組の角がそれぞれ等しい

$\angle B=\angle B'\ \angle C=\angle C'$
$(\angle A=\angle A')$

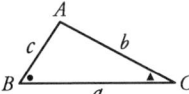 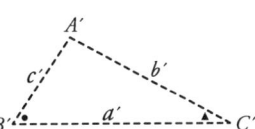

◆相似比と面積比

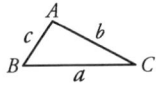 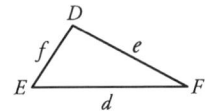

$a:d=1:2$（相似比）$\rightarrow a:d=b:e=c:f=1:2$
（全ての辺は同じ比）

$\triangle ABC$ の面積:$\triangle DEF$ の面積 $=1:2^2=1:4$

相似比 $1:3$ ならば $1:3^2=1:9$

$1:p$ ならば $1:p^2$

$p:q$ ならば $p^2:q^2$

◆直角三角形の直角を頂角にして垂線で分割した2つの三角形は相似

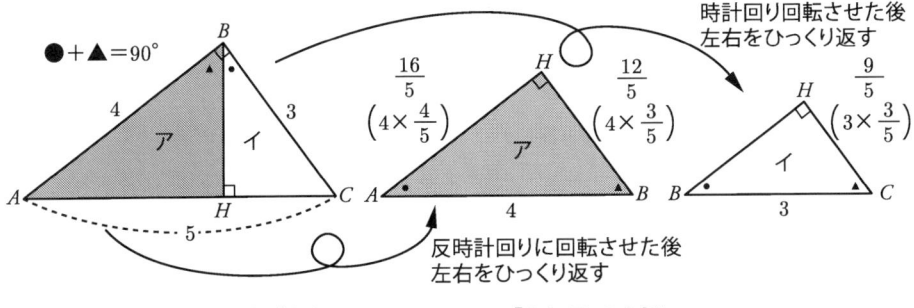

比から各線分の長さがわかる

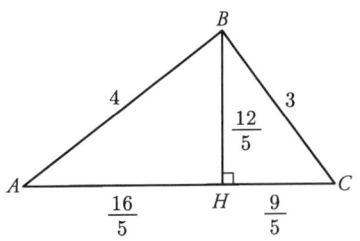

「入れ子」のように
無限に相似三角形に分割可能

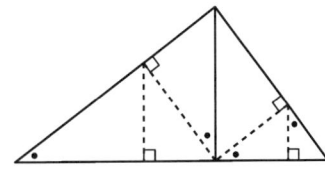

図頁10

●平行線と角の性質

1. 対頂角は等しい

2 直線が交差してできる交点の周りの角で、対面する角どうしを対頂角 (opposite angle) という。対頂角は互いに等しい。2 直線の交差の場合、対頂角は 2 組できる ($\angle AOB = \angle A'OB'$, $\angle AOB' = \angle A'OB$)。なお基準とする角と隣り合う角を補角といい、その和は 180°（一直線）となる。つまり $\angle AOB + \angle BOA' = 180°$。180°で一直線となる角を平角という。

2. 平行の定義・性質、平行線になる条件

どこまで伸ばしても交わらない 2 直線の関係を平行 (parallel) といい、2 直線間の距離はどの位置でも等しい。距離とは 2 線それぞれに垂直な直線の 2 線間の線分の長さをいう。平行は $\ell \parallel m$ のように書く[*6]。

2 つの平行線に交わる直線を考えた場合、1 つの平行線 m と直線の交差する点で基準とする角と、もう 1 つ平行線 ℓ においても同じ位置にある角を同位角 (corresponding angle)、もう 1 つの平行線の内側で反対側の位置にある角を錯角 (alternate angle) といい、注目する角、対頂角、同位角、錯角の 4 つは等しい。なお、もう 1 つの平行線の内側で同じ側にある角を同側内角といい、同側内角 + 錯角 = 180° なので、基準とする角 + 同側内角 = 180° と分かる。逆に 2 線 ℓ, m が平行だとわかっていなくても、錯角や同位角が等しければ平行だと分かる。

3. 三角形の内角の和は 180° である証明

2 頁で述べた「三角形の内角の和は 180°」を平行線を使って証明してみよう。底辺 BC に平行で頂点 A を通る線 DE をひく。$BC \parallel DE$ なので錯角は等しく、$\angle B = \angle DAB$、$\angle C = \angle CAE$。$\angle A(\angle BAC) + \angle B + \angle C = \angle BAC + \angle DAB + \angle CAE = \angle DAE = 180°$、よって三角形の内角の和は 180°[*7]。

4. 三角形の外角は、それと隣り合わない 2 つの内角（内対角）の和に等しい

これも平行線で証明できる。3 と同様 A を通り BC に平行な線 DE をひく。$DE \parallel BC$ であり、錯角なので $\angle B = \angle DAB$。同位角なので $\angle C = \angle FAD$。外角 $\angle FAB = \angle DAB + \angle FAD = \angle B + \angle C$。

[*6] 平行の表記は、中学教科書では少し線を斜めに書く // を使うが ∥ 表記でもよい。本書では ∥ を使うことにする。

[*7] 紙で任意の三角形を作り、その 3 つの角を切り取ってくっつけると 180° になることでも確認できる。

1. 対頂角は等しい

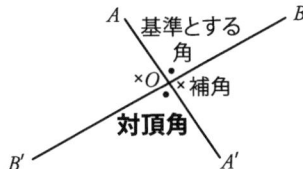

1点Oに注目した時
∠AOA'（直線）は180°であり、これを「平角」という。

2. 平行の定義、性質と、平行線になる条件

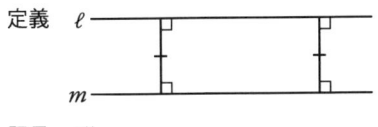

どこまでも交わらない2線を平行といい
2線間の距離はどの位置でも同じ長さ

記号 $\ell \parallel m$

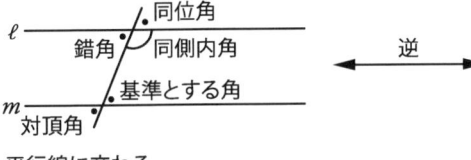 逆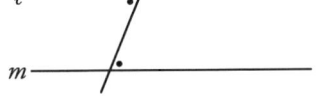

平行線に交わる
直線の作る錯角や同位角は等しい。

錯角や同位角が等しければ
2直線は平行

3. 三角形の内角の和は180°である証明

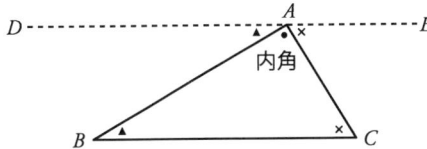

4. 三角形の外角は、それと隣り合わない2つの内角（内対角）の和に等しい

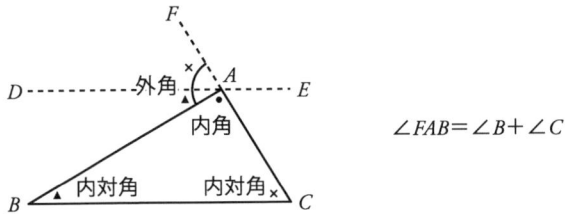

∠FAB＝∠B+∠C

●中点連結定理

1. 中点連結定理とは？

$\triangle ABC$ において AB の中点 M と AC の中点 N を結ぶ (つまり $AM = MB$、$AN = NC$ の場合で MN を結ぶ) と、MN は底辺 BC に平行で、長さが $\frac{1}{2}$ となる ($MN \parallel BC$、$MN = \frac{1}{2}BC$ となる) ことを「中点連結定理」という。

【証明】 $\triangle AMN$ と $\triangle ABC$ において $AM:AB = 1:2$ …(1)、$AN:AC = 1:2$ …(2)。$\angle MAN = \angle BAC$（共通）…(3)。(1)(2)(3) より 2 辺の比とその間の角が等しいので、$\triangle AMN \backsim \triangle ABC$。相似な三角形では対応する角が等しいので $\angle AMN = \angle ABC$。AB を MN、BC に交差する線と考えた場合、同位角が等しいので、$MN \parallel BC$。また $\triangle AMN$ と $\triangle ABC$ の相似比は $1:2$ なので対応する辺の比は $1:2$。よって $MN:BC = 1:2$。$MN = \frac{1}{2} \times BC$。

逆に $MN \parallel BC$ で $MN = \frac{1}{2} \times BC$ ならば、M、N は AB、AC の中点と分かる。

2. 合同三角形 4 つを組み立てて作る三角形

6 頁で三角定規 4 つを組み立てて作った相似三角形を思い出してみよう。これは中点連結定理の理解と練習に最適である。F、E は AB、AC の中点なので、$FE \parallel BC$ で $FE = \frac{1}{2} \times BC$ であることが、三角定規を使って実感できる。

実は見る角度を変えるとあと 2 か所中点連結定理が成り立っている。

- CA、CB の中点が E、D であることに注目すると $ED \parallel AB$、$ED = \frac{1}{2}AB$。
- BA、BC の中点が F、D であることに注目すると $FD \parallel AC$、$FD = \frac{1}{2}AC$。

3. 任意の四角形の辺の中点を結ぶと平行四辺形になる

【証明】 $\triangle BAC$ において中点連結定理より $EF \parallel AC$ …(1)。$\triangle DAC$ において中点連結定理より $HG \parallel AC$ …(2)。(1)(2) より $EF \parallel HG$ …(3)。$\triangle CBD$ において中点連結定理より $FG \parallel BD$ …(4)。$\triangle ABD$ において中点連結定理より $EH \parallel BD$ …(5)。(4)(5) より $FG \parallel EH$ …(6)。(3)(6) より 2 つの対辺が平行なので四角形 $EFGH$ は平行四辺形。

1. 中点連結定理とは？

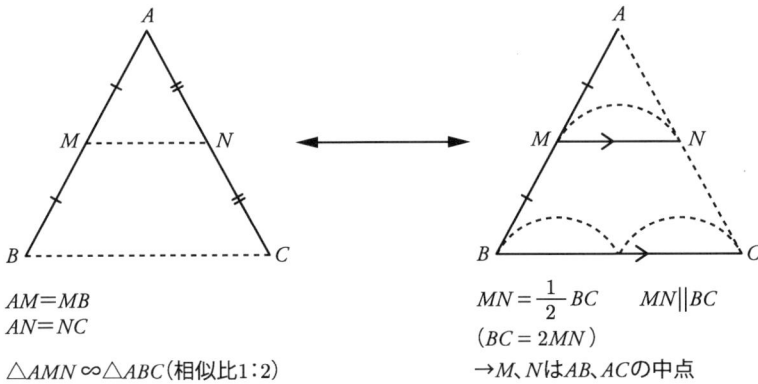

$AM=MB$
$AN=NC$

△AMN ∽ △ABC（相似比1：2）

$MN = \dfrac{1}{2} BC$　　$MN \| BC$
（$BC = 2MN$）
→M、NはAB、ACの中点

2. 合同三角形4つを組み立てて作る三角形

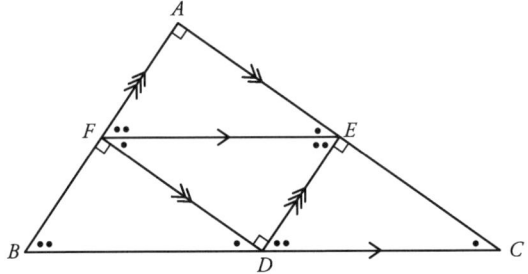

3. 任意の四角形の辺の中点を結ぶと平行四辺形になる

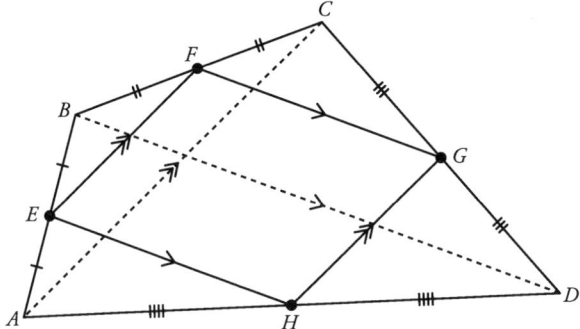

図頁12

●外心、内心、重心、垂心

三角形の五心と言われる5つの中心のうち、傍心以外の4つを見てみよう[*8]。

1. 外心と外接円：三角形の3頂点を通る円を外接円 (circumcircle) といい、その中心を外心 (circumcenter) という。外心は3辺の垂直二等分線の交点である[*9]。
2. 内心と内接円：三角形に内接する、つまり3辺に内側から接する円を内接円 (incircle) といい、その中心を内心 (incenter) という。内心は3角の角の二等分線の交点である。
3. 重心 (center of gravity)：その三角形の板を糸でつりがけたときにつりあって水平になる点で、3つの中線（各頂点と対辺の中点を結んだ線分）の交点。
4. 垂心 (orthocenter)：各頂点から対辺に下ろした3垂線の交点。

◆重心は3つの中線を 2:1 に分割する

【証明】 $\triangle ABC$ で中点連結定理より $MN \parallel BC$ …(1)。$MN = \frac{1}{2} \times BC$ …(2)。$\triangle ACE$ において N は AC の中点、(1) より $DN \parallel EC$ なので中点連結定理の逆で D は AE の中点と分かる。よって $AD = DE$ …(3)。$\triangle ACE$ で中点連結定理より $DN = \frac{1}{2} \times EC$ …(4)。同様に $\triangle ABE$ で $MD = \frac{1}{2} \times BE$ …(5)。$BE = EC$ なので $MD = \frac{1}{2} \times EC$ …(6)。$\triangle GDM$ と $\triangle GEC$ において対頂角なので $\angle DGM = \angle EGC$ …(7)。$MN \parallel BC$ の錯角なので $\angle GMD = \angle GCE$ …(8)。(7)(8) より2角が等しいので $\triangle GDM \infty \triangle GEC$。(6) より相似比は $1:2$ なので $DG:GE = 1:2$ …(9)。(9) より $DG = \frac{1}{3} \times DE$、$GE = \frac{2}{3} \times DE$ …(10)。(3)(10) より $AG:GE = (AD+DG):GE = \left(DE + \frac{1}{3} \times DE\right):\left(\frac{2}{3} \times DE\right) = \frac{4}{3}:\frac{2}{3} = 2:1$。よって重心は中線を、頂点側から中点側までについて 2:1 に区分する点である。

他の中線についても同様に証明できる。

◆4つの中心は一致するとは限らない

多くの三角形では、垂心の位置を決める「頂点から対辺への垂線」、外心の位置を決める「辺の垂直二等分線」、重心の位置を決める「中線」、内心の位置を決める「角の二等分線」は異なり、4つの中心は一致しない。二等辺三角形では、等角を持たない頂点から対辺への垂線が同時に、対辺の垂直二等分線、中線、角の二等分線となるので、4つの中心はこの直線上にある。正三角形では4つの中心は一致する。

[*8] 傍心については姉妹本『円』5頁での説明参照。
[*9] 証明は『円』5頁参照。

1. 外心 (circumcenter)

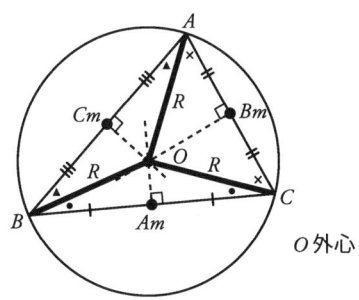

O 外心

R:外接円の半径

2. 内心 (incenter)

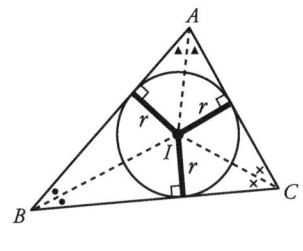

I 内心

r:内接円の半径

3. 重心 (center of gravity)

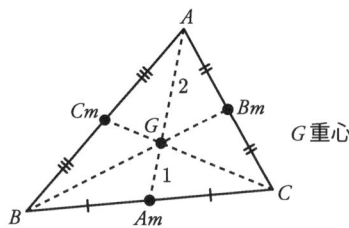

G 重心

4. 垂心 (orthocenter)

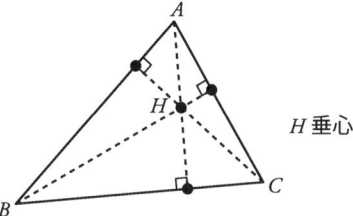

H 垂心

◆重心は3つの中線を2:1に分割する

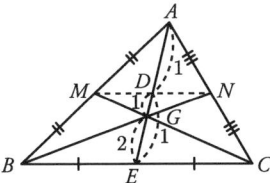

◆4つの中心は一致するとは限らない

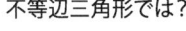

不等辺三角形では？

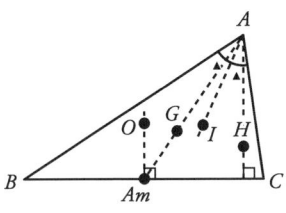

二等辺三角形では？

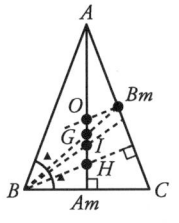

4心は一直線上

正三角形では？
▲＝30°

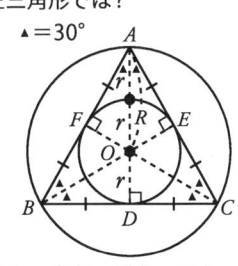

外心＝内心＝重心＝垂心
R(外接円半径)
＝2r(内接円半径)

図頁13

●作図法

円の4つの中心を決めるためにも必要となる「頂点から対辺への垂線」「辺の垂直二等分線」「角の二等分線」「中線を描くための中点」の作図を考えよう。作図 (description) では、角度や長さをはかることはせず、「直線を引く」ための定規 (ruler)、「円を書く」「線分の長さをうつしとる」ためのコンパス (compasses) のみを使う。

1. 垂直二等分線、線分の中点、垂線

- 「垂直二等分線」「線分の中点」：線分の両端 A、B それぞれを中心とし同じ半径の円を描く。次に2円の交点を結ぶと、結んだ線が垂直二等分線、元の線分との交点が中点となる。

  【垂直二等分線の性質】垂直二等分線上にある任意の点 P は、元の線分の両端 A、B の距離は常に等しくなる ($PA = PB$)。

- 「点から直線に垂線を下ろす」：点 C から直線に交わるように円を描き直線との交点 D、E を求める。D と E から同じ半径の円を描き、その交点と C を結ぶと垂線となる。

- 「直線上のある点を通る垂線を立ち上げる」：点を中心とし、ある半径の円を描き、直線との交点を D、E とする。D、E を中心とした同じ半径の円を描く。その交点を結ぶとその点を通る垂線となる。

2. 角の二等分線

交点 O を中心とした円を描き2直線との交点を D、E とする。D、E から同じ半径の円を描く。2円の交点と O を結ぶ。

交差する2直線では、角が4つできる。対頂角同士は角の二等分線が同じ直線となるが、2組の対頂角があるため、角の二等分線は2つとなる。

【角の二等分線の性質】角の二等分線上にある任意の点 P と各直線との距離（点 P から各直線に下ろした垂線の長さ）は等しい。

3. 正三角形

線分 AB の両端 A、B を中心とし、半径 AB の円を描く。2円の交点 C と A、B を結ぶと3辺が同じ長さの正三角形 $\triangle ABC$ ができる。

4. 平行線（C を通り AB に平行な直線と平行四辺形）

AC の長さをコンパスでうつしとり、B を中心にその半径の円を描く。AB の長さをコンパスでうつしとり、C を中心にその半径の円を描き、交点を D とする。CD を結ぶと平行線、さらに AC、BD も結ぶと平行四辺形となる。

5. 作図の多くは「ひし形」を描くこと

ひし形は対角線が角を二等分し、対角線同士が直交する性質を持つ。作図はこの性質を活用しているので、作図の多くが「ひし形」を描いていることに気付くと楽しくなる。

1. 垂直二等分線、線分の中点、垂線

垂直二等分線の作図

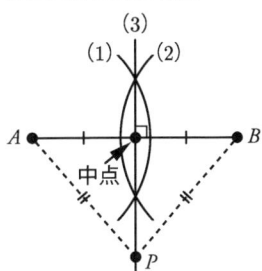

垂線を下ろす作図

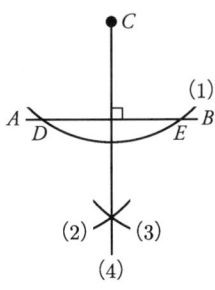

線分上のある点を通る垂線を立ち上げる作図

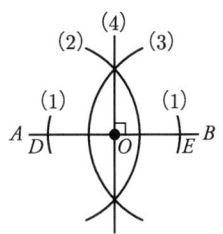

2. 角の二等分線

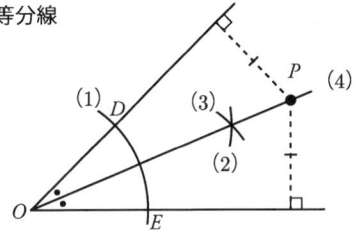

交差する2直線では角の2等分線は2本ある

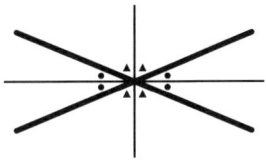

3. 正三角形

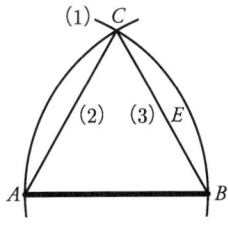

4. 平行線（平行四辺形）

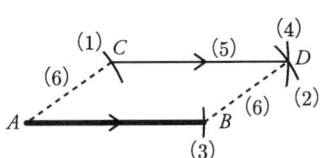

5. 作図の多くは「ひし形」を描くこと

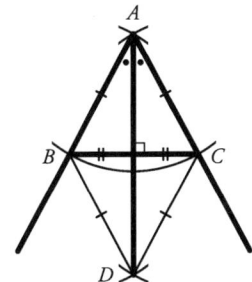

図頁14

●黄金比の性質

1. 正五角形を 3 分割してできる「黄金三角形」

正五角形の 1 つの内角は 108° となるが、それは次のように求めることができる。

正五角形のある頂点から対角線は 2 本引くことができ、その対角線によって正五角形は 3 つの三角形に分割される。1 つの三角形の内角の和は 180° なので、3 つの三角形ならば 180° × 3 = 540°、したがって 1 つの内角は 540°/5 = 108°。

したがって 1 つの外角は 180° − 108° = 72°。36° を ● で示すと、72° は ●●、108° は ●●●、180° は ●●●●● で、すべての角度が 36° (●) の倍数となることが分かる。右図のアとウは二等辺三角形で、頂角が ●●● である。三角形の内角の和は ●●●●● なので、頂角以外の 2 つの底角の和は残り ●● となり、二等辺三角形の底角は等しいので 1 つの底角は ● となる。すると、中央の二等辺三角形イの頂角は ● となる。するとイの 2 つの底角の和は残り ●●●● となり、二等辺三角形の底角は等しいので 1 つの底角は ●● となる。この三角形を黄金三角形という。なぜなら底辺と斜辺の長さの比が 1 : 1.62 で、これから述べる「黄金比」となるからである。

2. 黄金比 1 : 1.62 の不思議

1 : 1.62 に近似できる比を黄金比 (golden ratio) といい、芸術作品などで美しさをかもし出す比と言われている。この比は、次の示すように不思議な比となる。

比の小さい数字 (1) : 大きい数字 (1.62) = 大きい数字 (1.62) : 合計 (2.62)

右図のように、子ガメ : 親ガメ = 親ガメ : 親子ガメ ともたとえることができる。

3. ペンタグラム (pentagram) と黄金比の計算

古代ギリシャの数学者ピタゴラスを中心としたピタゴラス学派は、正五角形の対角線からできる星形の図形ペンタグラムをシンボルとし、黄金比も知っていたとされる。右図で黒塗りの黄金三角形と 1 つの対角線に注目すると、$\triangle BCD$ において、$\angle C = 72°$、$\angle CBD = 36°$ で、三角形の内角の和は 180° なので、$\angle BDC = 180° − (36° + 72°) = 72°$。よって $\triangle BCD$ も $\triangle ABC$ と相似で黄金三角形となる。$CD = 1$ とし黄金比 x (BC) を正確に求めてみよう。$\triangle BCD$ は底角が等しい二等辺三角形なので $BC = BD = x$ …(1)。また $\triangle DAB$ は内角がそれぞれ 108°、36°、36° で底角が等しいので二等辺三角形。よって $BD = AD$ …(2)。(1)、(2) より $AD = x$。$AC = AB = 1 + x$。$CD : BC = 1 : x$、$BC : AC = x : (1 + x)$。$1 : x = x : (1 + x)$ となるので、黄金比 x は 2 で説明した性質を持つと分かる。比例式は内項の積と外項の積が等しいので $x^2 = 1 + x$。よって $x^2 − x − 1 = 0$ を解いて、負の解を除くと $x = \dfrac{1 + \sqrt{5}}{2}$ となる[*10]。

[*10] この式の解法は本書の力点ではない代数分野なので省略する。

1. 正五角形を3分割してできる「黄金三角形」

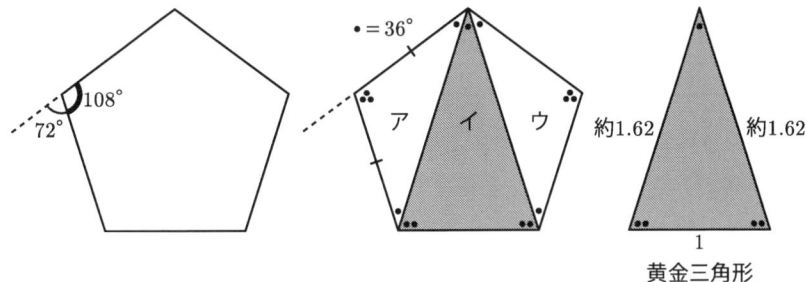

2. 黄金比1:1.62の不思議

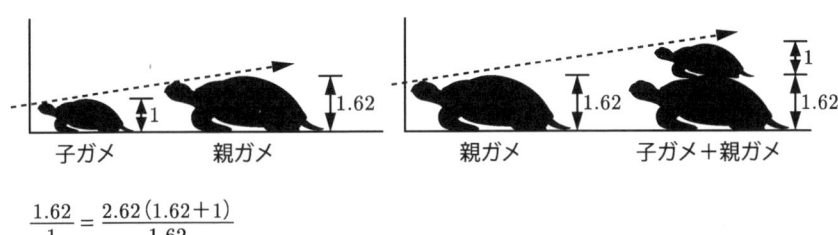

$$\frac{1.62}{1} = \frac{2.62(1.62+1)}{1.62}$$

3. ペンタグラムと黄金比の計算

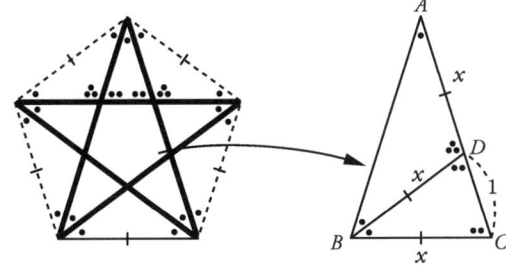

図頁15

●黄金比と「美しさ」

1. 美術・芸術と黄金比

　黄金比 $1:\dfrac{1+\sqrt{5}}{2}$ は $1:1.62$、さらには $1:1.6$、つまり $5:8$ に近い。この比は様々な美術の構図や建築の中に隠されていて、美をかもし出していると言われている。例えば、葛飾北斎「神奈川沖浪裏」には、波浪頭の位置、高さと富士山の位置、高さに黄金比が隠されており、ギリシャのパルテノン神殿の縦横比も黄金比に近い。交通系 IC カードの縦 54 mm、横 85 mm も黄金比である。一方、欧米で黄金比が好まれるのに対し、日本では白銀比（$1:\sqrt{2} \sim 1:1.4 = 5:7$）が好まれるという見方（桜井進『雪月花の数学』祥伝社刊）もあり、「美しさ」と比の関係には様々な議論がある。

2. 黄金長方形（縦横比が黄金比）の描き方

　前頁で述べたように黄金比は正五角形と対角線で作図できるが、正五角形の作図は簡単ではない。しかし縦横の辺の比が黄金比となっている黄金長方形は比較的容易に作図できる。正方形 $ABCD$ を描き、底辺 BC の中点 E を中心、ED を半径とする円が BC の延長線と交わる点を F とし、A, B, F を頂点に持つ長方形 $ABFG$ を描くと黄金長方形となる。この長方形の縦 AB と横 BF の比が黄金比となっている。

　確認してみよう。正方形の1辺を2とすると、直角三角形 $\triangle ECD$ で $EC=1, CD=2$ なので三平方の定理より $ED^2 = EC^2 + CD^2 = 5$、$ED=\sqrt{5}$。よって $EF=\sqrt{5}$。$BF = BE+EF = 1+\sqrt{5}$。$AB:BF = 2:(1+\sqrt{5}) = 1:\dfrac{1+\sqrt{5}}{2}$（黄金比）。

◆星形の図形の頂角（鋭角部分）の和の求め方

　規則的な形の星形の図形ペンタグラムの頂角（鋭角部分）の和は $36° \times 5 = 180°$ となる。では、星形の図形でも不規則な形の場合、頂角の和はどうなるだろうか？　円状に配置された複数の点を1個や2個、3個おきに結ぶと、星形の図形をはじめ、様々な形が図形を描くことができるので、いろいろ描いて調べてみてほしい。単純に、円状ではあるが不規則に配置された5点を1つおきに結ぶと、不規則な形の星形の図形ができる。頂角（鋭角部分）の和はどうなるか考えてみよう。$\triangle AGC$ で2内角の和はそれ以外の頂点の外角となるので、$\angle A + \angle C = \angle AGE = \angle HGE$。同様に $\triangle BHD$ で、$\angle B + \angle D = \angle DHE = \angle GHE$。$\triangle EHG$ の内角の和は $180°$ なので $\angle E + \angle HGE + \angle GHE = 180°$。$\angle E + (\angle A + \angle C) + (\angle B + \angle D) = \angle A + \angle B + \angle C + \angle D + \angle E = 180°$ となる。不規則な形でも頂角（鋭角部分）の和はペンタグラムと同じとなる。

1. 美術・芸術と黄金比

$$\frac{1+\sqrt{5}}{2} \fallingdotseq \frac{1+2.24}{2} = 1.62$$

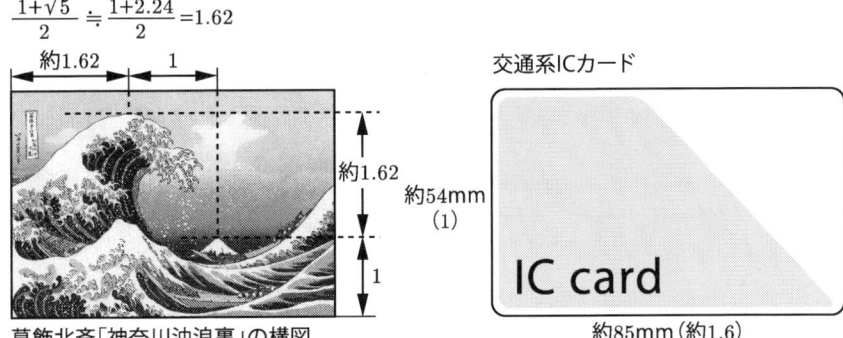

葛飾北斎「神奈川沖浪裏」の構図

交通系ICカード

約85mm（約1.6）
種類によって微妙に異なります

2. 黄金長方形（縦横が黄金比）の描き方

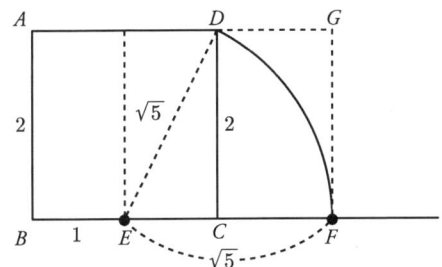

◆星形図形の頂角（鋭角部分）の和は？

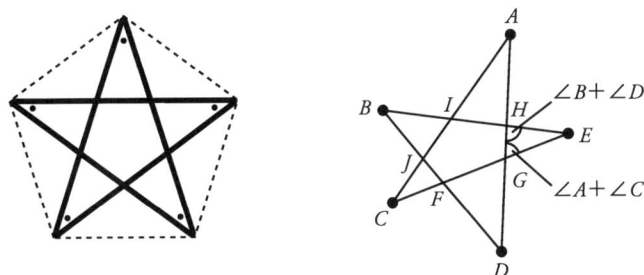

●角の二等分線の定理と中線定理

　内心を定めるときに使われる「角の二等分線」と、重心を定めるときに使われる「中線」は多くの場合異なるが混同しやすい。「定理」も異なるので違いを整理しておこう。

1. 角の二等分線の定理（$AB:AC=BD:CD$）

　△ABCにおいて、∠Aの角の二等分線と対辺BCとの交点をDとする。記号では覚えにくいので

　　　「左横：右横 = 左下：右下」

と覚えよう。

【証明】角の二等分線なので∠$BAD=$∠DAC …(1)。BAのA側への延長線と、Cを通りDAに平行な線との交点をEとする。$AD \parallel EC$なので∠$DAC=$∠ACE（錯角）…(2)。∠$BAD=$∠AEC（同位角）…(3)。(1)(2)(3)より∠$AEC=$∠ACE。よって△AECはECを底辺とする（底角が等しい）二等辺三角形で$AE=AC$ …(4)。8頁で述べたようにBC、BEが平行線AD、ECで分割される線分比は等しいので$BD:DC=BA:AE$ …(5)。(4)(5)より$AB:AC=BD:CD$。

2. 中線定理：$AB^2+AC^2=2(AM^2+MC^2)$　（MはBCの中点）

　角の二等分線の定理と混同しないように以下のように覚えよう。

　　　「二条城（全てが2乗になっている）、左横+右横 = 2(中+下半分)」

【証明】AからBCへの垂線AHをかく。△ABH、△ACHで三平方の定理を使い、

$$AB^2+AC^2=(AH^2+BH^2)+(AH^2+CH^2)$$
$$=2AH^2+(BM-HM)^2+(MC+HM)^2$$
$$(MC=BM\text{なので})$$
$$=2AH^2+(MC-HM)^2+(MC+HM)^2$$
$$=2AH^2+MC^2-2MC\cdot HM+HM^2+MC^2+2MC\cdot HM+HM^2$$
$$=2AH^2+2MC^2+2HM^2=2(AH^2+HM^2)+2MC^2。$$

△AMHで三平方の定理より$AM^2=AH^2+HM^2$なので$AB^2+AC^2=2AM^2+2MC^2$。

1. 角の二等分線の定理

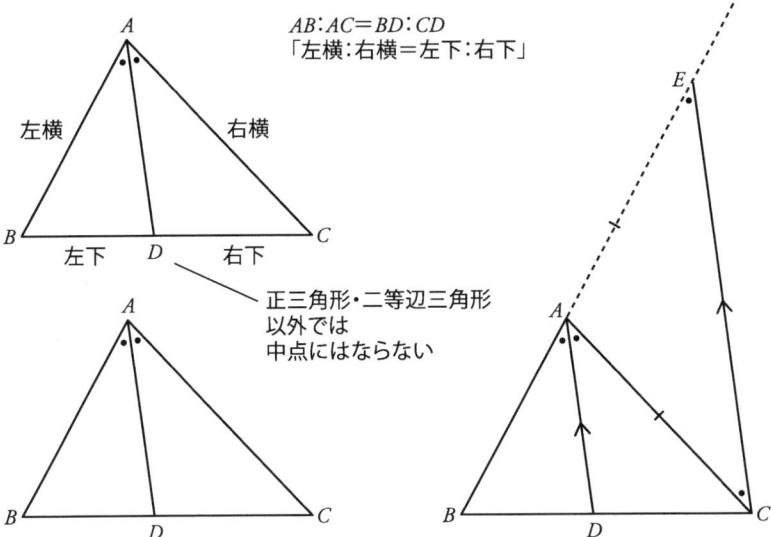

$AB:AC=BD:CD$
「左横:右横=左下:右下」

正三角形・二等辺三角形
以外では
中点にはならない

2. 中線定理

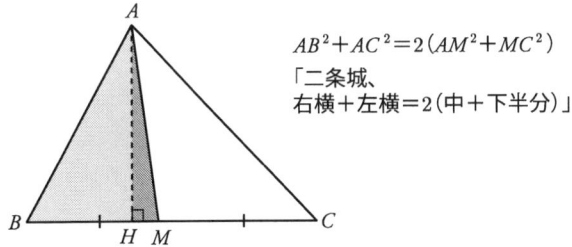

$AB^2+AC^2=2(AM^2+MC^2)$
「二条城、
右横+左横=2(中+下半分)」

● 1 つの角を共有する三角形の面積比

1. 直角三角形の面積比

直角を共有する 2 つの直角三角形の面積は、直角を挟む 2 辺を底辺、高さと考えると、$\triangle OAB = \frac{1}{2}ab$ [*11]。$\triangle OCD = \frac{1}{2}cd$。よって面積比は $\triangle OAB : \triangle OCD = ab : cd$ となり「2 辺の積の比」となる。

2. 直角でない角を共有する三角形の面積比

直角でない角を共有する三角形の面積比はどうなるだろうか？ 頂点 A, C から垂線を下ろし、その足を A_H, C_H とする。$\triangle OAA_H$、$\triangle OCC_H$ は直角以外の角 1 つが同じ相似の三角形となる。$\triangle OAA_H$、$\triangle OCC_H$ と相似で斜辺が 1 の三角形を考えその高さを h とすると、$\triangle OAB$ の高さ AA_H は ah、$\triangle OCD$ の高さ CC_H は ch となる。したがって、$\triangle OAB = \frac{1}{2} \times b \times ah$、$\triangle OCD = \frac{1}{2} \times d \times ch$ となり、$\triangle OAB : \triangle OCD = ab : cd$ となり、面積比は、直角三角形の場合と同様、共有する角を挟む「2 辺の積の比」となる。

3. 相似の三角形（相似比 $1 : p$）の面積比

10 頁でも述べたように、相似比 $1 : p$ ならば $OC = ap$、$OD = bp$ となり、2 と同様、「2 辺の積の比」を考えれば、$\triangle OAB : \triangle OCD = ab : (ap \times bp) = 1 : p^2$ となる。相似比が $p : q$ の場合は面積比は $p^2 : q^2$ となる。

4. 頂角が同じならば、「左 × 右」比が面積比

3 までの図は共有する角が左下にあるように描かれた図である。三角形の面積は「$\frac{1}{2} \times$ 底辺 $\times$ 高さ」と習うので、図の中の 2 辺を底辺 = 横線、高さ = 縦線と見るクセがついている人が多い。その人でも、2、3 のように斜めの辺の場合は「縦線」の延長に考えれば、1～3 までは理解しやすい。

4 の図は 2 の図を向きを変えて共有する角を頂角の位置にもってきただけであるが、実際は同じ図でも角の位置が変わるだけで、見つけにくくなる人もいる。このような図の場合は面積比は「左 × 右」比となったと考えればよい。

頂角が重なっていなくても、同じ大きさならば、面積比は「左 × 右」比となる。

図形の問題には、2 と 4 のように、見る向きによって同じ図であることに気付かないことも多い。この本を読むときも、あえて、本の図を上から、横から、斜めからなど様々な向きから見て、図形をいろいろな向きからの見ることに慣れておくことをお勧めする。

[*11] 「$\triangle ABC$ の面積は $\frac{1}{2}ab$ である」ということを $\triangle ABC = \frac{1}{2}ab$ と単純に書いてよい。なお合同を示す記号は $\equiv$ である。

1. 直角三角形の面積比

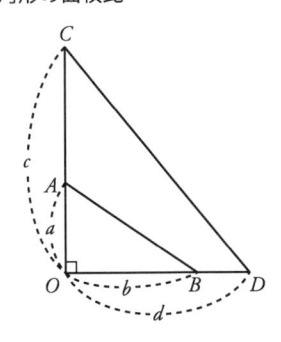

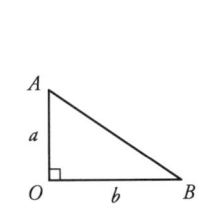

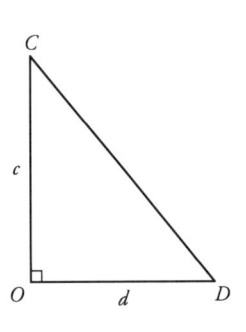

$\triangle OAB : \triangle OCD = ab : cd$

2. ある角度を共有する三角形の面積比

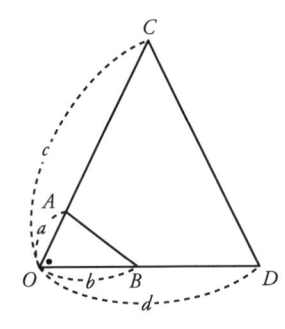

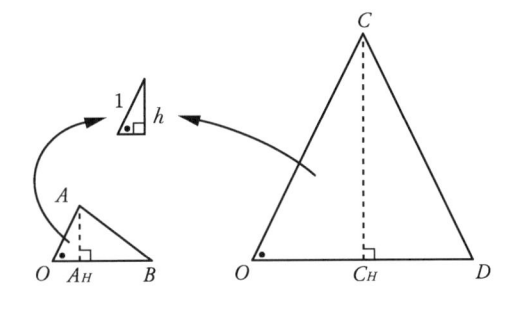

$\triangle OAB : \triangle OCD = ab : cd$

3. 相似の三角形（相似比1:p）の面積比

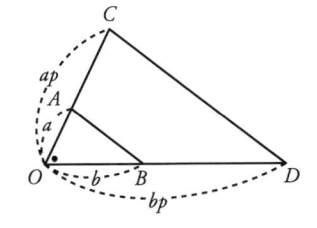

$\triangle OAB : \triangle OCD = ab : ap \times bp = ab : abp^2 = 1 : p^2$

4. 頂角が同じならば「左×右」比が面積比

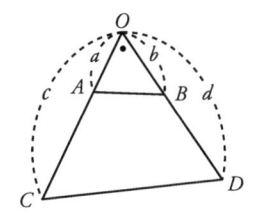

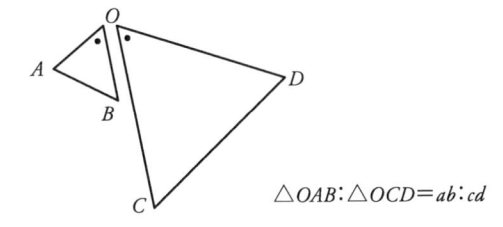

$\triangle OAB : \triangle OCD = ab : cd$

図頁18

●高さが分からない三角形の面積の求め方1
1. 3辺がわかっている二等辺三角形の面積
　三角形の面積は「$\frac{1}{2}$ × 底辺 × 高さ」で求められるが、「高さ」が分からない場合でも、3辺の長さがわかっていると、それから三平方の定理を使って、高さを求め、面積を求めることができる。なお、長さには cm、面積には cm^2 のように単位を付けることも多いが、本冊子では簡略にするため略した。

　二等辺三角形の場合、頂角から底辺に垂線を引くと、その垂線は角の二等分線でもあり、同時に底辺の垂直二等分線でもある。その垂線で仕切られた片側の三角形は直角三角形で、ここに三平方の定理を当てはめると高さが分かる。

　H は BC の中点なので $BH = 2$。△ABH で三平方の定理より、$AH^2 + BH^2 = AB^2$。$AH^2 + 2^2 = 7^2$。$AH^2 = 49 - 4 = 45$。よって高さ $AH = \sqrt{45} = 3\sqrt{5}$。△$ABC = \frac{1}{2} \times BC$（底辺）$\times AH$（高さ）$= \frac{1}{2} \times 4 \times 3\sqrt{5} = 6\sqrt{5}$。

2. 1辺が a の正三角形の面積
　3辺とも a であるが、高さは分からなくても、5頁にあるように頂点から底辺に下ろした垂線で分割すると「30°–60° triangle」2個になることを活用すれば、高さが $\frac{\sqrt{3}}{2}a$ と分かる。よって面積は $\frac{1}{2}a$（底辺）$\times \frac{\sqrt{3}}{2}a$（高さ）$= \frac{\sqrt{3}}{4}a^2$ となる。

◆半径1の円に内接する（辺の長さが1の）正六角形の面積
　正多角形の面積も三角形の集合体と捉えると求めることができる場合がある。半径1の円に内接する正六角形は1辺の長さ1の正三角形が6つ集まった図形である。上の 2. で $a = 1$ と考えると、正三角形の面積は $\frac{\sqrt{3}}{4}$。正六角形の面積はこの6倍なので $\frac{3\sqrt{3}}{2}$ となる。

◆半径1の円に内接する正八角形の面積
　正八角形の場合は、最も離れた位置にある2頂点を結ぶ対角線を4つ描いた場合、8分割された三角形ができる。円の中心を頂点とする角は 360°/8 = 45° となる。OA と OB は円の半径なので1であり、A から OB に下ろした垂線の足を H とすると、△OHA は直角三角形であり、∠$AOB = 45°$ なので「45° triangle」（直角二等辺三角形）となる。したがって $OH = AH$。また $OA : AH = 1 : \frac{1}{\sqrt{2}}$。△$OAB$ の面積は $\frac{1}{2} \times 1 \times \frac{1}{\sqrt{2}} = \frac{\sqrt{2}}{4}$。正八角形の面積はこの8倍なので $2\sqrt{2}$ となる。

1. 3辺がわかっている二等辺三角形の面積

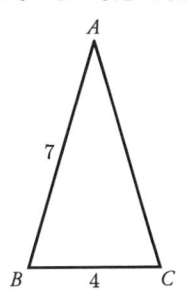

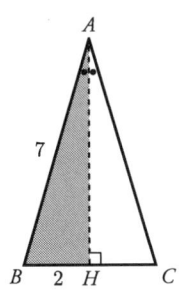

2. 1辺がaの正三角形の面積

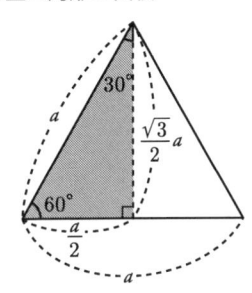

$$\frac{1}{2} \times a \times \frac{\sqrt{3}}{2}a = \frac{\sqrt{3}}{4}a^2$$
底辺　高さ

◆半径1の円に内接する(辺の長さが1の)正六角形の面積

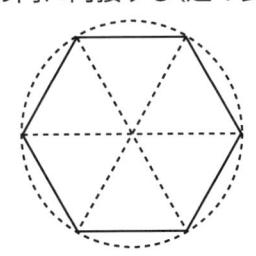

$$\frac{\sqrt{3}}{4} \times 6 = \frac{3}{2}\sqrt{3}$$

◆半径1の円に内接する正八角形の面積

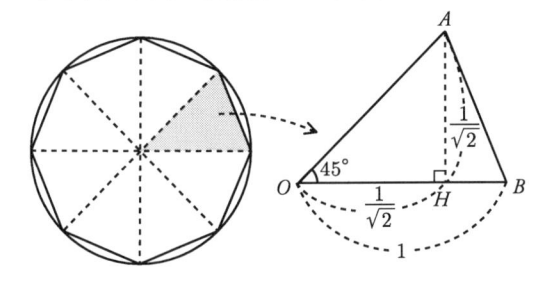

底辺　高さ
$$\triangle OAB = \frac{1}{2} \times 1 \times \frac{1}{\sqrt{2}}$$
$$= \frac{1}{2\sqrt{2}} = \frac{1 \times \sqrt{2}}{2\sqrt{2} \times \sqrt{2}} = \frac{\sqrt{2}}{4}$$

正八角形の面積
$$= \frac{\sqrt{2}}{4} \times 8 = 2\sqrt{2}$$

図頁19

●高さが分からない三角形の面積の求め方 2

1. 3 辺がわかっている三角形の面積 ～三平方の定理の応用～

前頁で考えた二等辺三角形や正三角形ではない一般の三角形でも 3 辺の長さがわかっていると、面積が求められる。頂点から底辺に垂線を下ろした足を H とし、$BH = x$ とする。この垂線で仕切られた 2 つの直角三角形で三平方の定理を考える。

$\triangle ABH$ では $\angle AHB = 90°$ なので三平方の定理から $AH^2 + BH^2 = AB^2$。そして $AB = 4$, $BH = x$ なので、$AH^2 = AB^2 - BH^2 = 16 - x^2$ …(1)。同様に、$\triangle ACH$ では $\angle AHC = 90°$ なので $AH^2 + CH^2 = AC^2$。そして $AC = 5$, $CH = 6 - x$ なので、$AH^2 = AC^2 - CH^2 = 5^2 - (6 - x)^2 = 25 - (36 - 12x + x^2) = -11 + 12x - x^2$ …(2)。

(1)、(2) で「AH^2 が等しい」ので $16 - x^2 = -11 + 12x - x^2$。これを解いて、$x = \dfrac{9}{4}$。

(1) に代入し $AH^2 = 16 - \left(\dfrac{9}{4}\right)^2 = 16 - \dfrac{81}{16} = \dfrac{16 \times 16 - 81}{16} = \dfrac{256 - 81}{16} = \dfrac{175}{16}$。

$AH = \sqrt{\dfrac{175}{16}} = \dfrac{\sqrt{175}}{4} = \dfrac{5\sqrt{7}}{4}$ となる。$\triangle ABC = \dfrac{1}{2} \times 6 \times \dfrac{5\sqrt{7}}{4} = \dfrac{15\sqrt{7}}{4}$。

2. ヘロンの公式

3 辺の長さがわかっている三角形の面積を、垂線を引いたり、高さを求めたりせずに、3 辺を活用して解く方法が、次の「ヘロンの公式」である。

$s = \dfrac{a + b + c}{2}$ とすると、三角形の面積は $\sqrt{s(s-a)(s-b)(s-c)}$ のように、s と、s と a, b, c それぞれとの差をかけたものになる。これがヘロンの公式である。例えば右図 1 では $4 + 5 + 6 = 15$ なので $s = \dfrac{15}{2}$。$\triangle ABC$ の面積は $\sqrt{\dfrac{15}{2} \times \left(\dfrac{15}{2} - 4\right) \times \left(\dfrac{15}{2} - 5\right) \times \left(\dfrac{15}{2} - 6\right)} = \sqrt{\dfrac{15}{2} \times \dfrac{7}{2} \times \dfrac{5}{2} \times \dfrac{3}{2}} = \sqrt{\dfrac{15 \times 7 \times 5 \times 3}{2 \times 2 \times 2 \times 2}} = \dfrac{15\sqrt{7}}{4}$。

求め方は異なるが、1 と同じ答えとなった。

◆半分以上が土に埋まった丸太の半径は？

4 頁で述べた「地震の震源の深さの推定」と同様、三平方の定理の実用例である。まず求めるべき半径を r cm とする。図のように丸太の半径 2 つと弦を 3 辺とする三角形を考え、それを半径の 1 つが底辺になるように向きを変えてみる。すると 1 の図や前頁の正八角形の中の 1 つの三角形の図と同様、頂点から底辺に下ろした垂線で 2 つの直角三角形に分割して考えられる。塗った部分の直角三角形 $\triangle ABH$ で三平方の定理より、$(r - 9)^2 + 21^2 = r^2$、つまり $r^2 - 18r + 81 + 441 = r^2$。よって $18r = 522$ から $r = 29$。半径は 29 cm と分かる。

この問題も 1 も、前頁 4 も「ある三角形の頂点から底辺に垂線を引き、三角形を 2 つの直角三角形に分割する→その直角三角形に三平方の定理を使う→辺の長さや面積が分かる」という共通の発想をしている。数学の問題では、異なる問題でも、共通の発想法を使うことがよくある。それに気づくと数学が楽しくなる。

1. 3辺がわかっている三角形の面積〜三平方の定理の応用〜

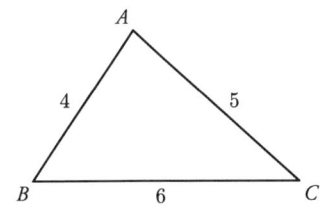

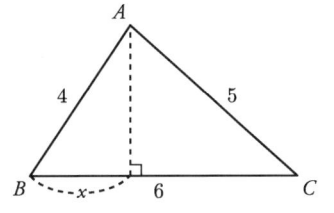

2. ヘロンの公式

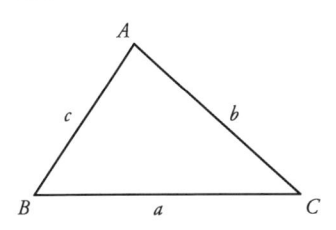

$s = \dfrac{a+b+c}{2}$ とすると

$\triangle ABC = \sqrt{s(s-a)(s-b)(s-c)}$

◆半分以上が土に埋まった丸太の半径は？
（2012年千葉県公立高校入試・後期）

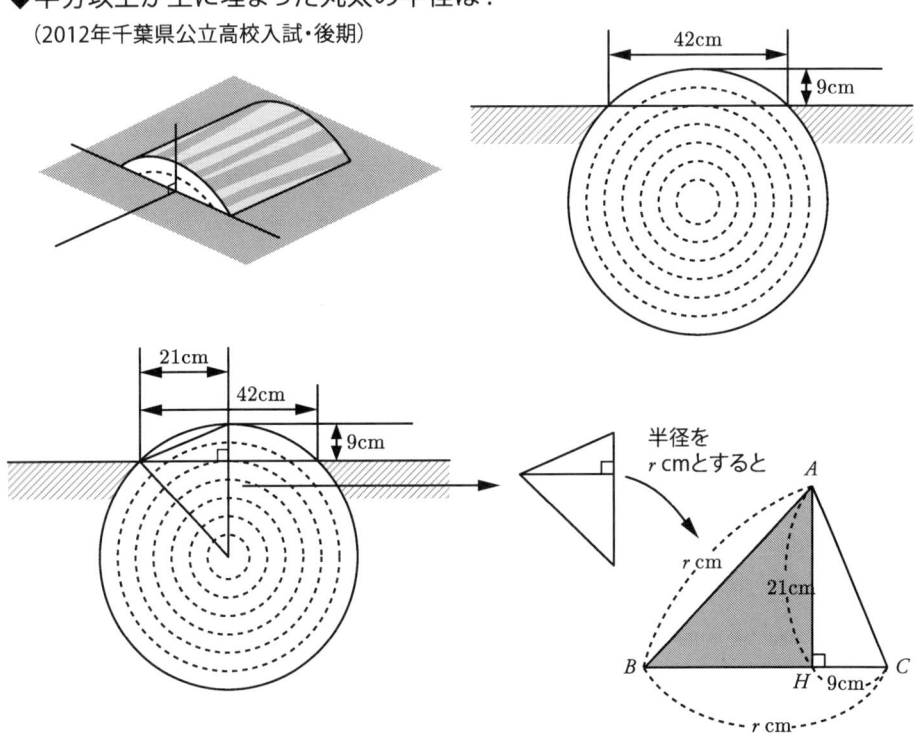

半径を r cm とすると

●チェバの定理、メネラウスの定理

1. チェバの定理

三角形の内部に点 O がある[*12]。直線 AO、BO、CO と向かいあう辺との交点を D、E、F とする。頂点 A から B の方向に進み、A、B、C か D、E、F と交わるまでの線分を a、b、c、d、e、f と順に名づけると、f で元の出発点に戻ってくる。このとき $\frac{a}{b} \times \frac{c}{d} \times \frac{e}{f} = 1$ が成り立つ[*13]。なお、逆に辺 BC、CA、AB 上にある点 D、E、F においてこの式が成り立てば、3つの線分 AD、BE、CF は三角形の内部の1点で交わる。これを「チェバの定理の逆[*12]」という。

【証明】 $\triangle ABO$ と $\triangle ACO$ の面積に注目する。AD を D 側に延長し、C を通り AD に平行な線を引く。B から直線 AD と C から引いた平行線に下ろした垂線の、それぞれの直線との交点を G、H とする。OA を底辺とすると BG、GH が高さとなる。平行線で分割される線分比は等しい (→8頁) ので、$BG:GH = c:d$。$\triangle ABO : \triangle ACO = \left(\frac{1}{2} \times AO \times c'\right) : \left(\frac{1}{2} \times AO \times d'\right) = (AO \times c) : (AO \times d) = c:d$。同様に $\triangle BCO$ と $\triangle ABO$ に注目すると、$\triangle BCO : \triangle ABO = e:f$。同様に $\triangle ACO$ と $\triangle BCO$ に注目すると、$\triangle ACO : \triangle BCO = a:b$。

$$\frac{a}{b} \times \frac{c}{d} \times \frac{e}{f} = \frac{\triangle ACO}{\triangle BCO} \times \frac{\triangle ABO}{\triangle ACO} \times \frac{\triangle BCO}{\triangle ABO} = 1。$$

2. メネラウスの定理

$\triangle ABC$ の BC、CA、AB かその延長が、三角形の頂点を通らない直線 ℓ と交わる点を D、E、F とすると、$\frac{AF}{FB} \times \frac{BD}{DC} \times \frac{CE}{EA} = 1$。

チェバの定理のときと異なり、延長線を考えたときは線の長さの移動が戻るような場合もあり一瞬とまどうが、次のように考える。

任意の頂点から出発し任意の回転方向を考える。そして「(出発の頂点) → ℓ 上の点 → 頂点 → ℓ 上の点 → 頂点 → ℓ 上の点 → 出発の頂点」で元に戻る。この順番に $a \to b \to c \to d \to e \to f$ を記号設定する[*14]。

【証明】 C を通り、ℓ に平行な線を引き、AB との交点を G とする。そして、$FG = g$ と置く。「平行線で分割される線分比は等しい」(→8頁) を活用し、公式の線分比を AB 上に集めるようにする。$\frac{a}{b} \times \frac{c}{d} \times \frac{e}{f} = \frac{a}{b} \times \frac{b}{g} \times \frac{g}{a} = 1$。

[*12] チェバの定理は、$\triangle ABC$ の外部に点 O がある場合でも、点 O が各辺を延長した直線上になければ、同様に成り立つ。一方で、この逆はそのままでは成立しない。しかし、これらは条件を調整するとより精密な形で成立することが知られている。本書では簡単のため、チェバの定理は三角形内部に点 O があるときに限定し、チェバの定理の逆は点 D、E、F が辺 BC、CA、AB 上にあるときに限定して活用する。

[*13] 出発点がどの頂点であっても、時計回りでも反時計回りでも成り立つ。出発点や回転方向を任意に設定できる柔軟性をぜひ活用してほしい。文字の配置は $a \to b \to c \to d \to e \to f$ を分子→分母→分子→分母→分子→分母に配置する。

[*14] 辺の延長線上に ℓ が位置する場合、移動が途中で逆向きに引き返す形となる。

1. チェバの定理

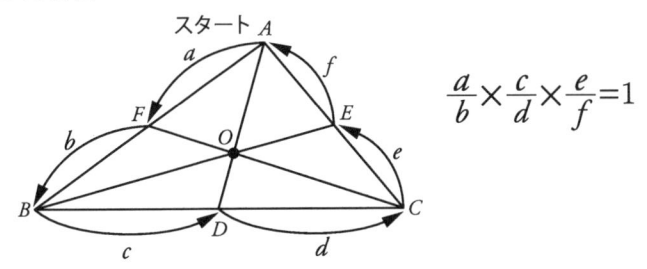

$$\frac{a}{b}\times\frac{c}{d}\times\frac{e}{f}=1$$

【証明】

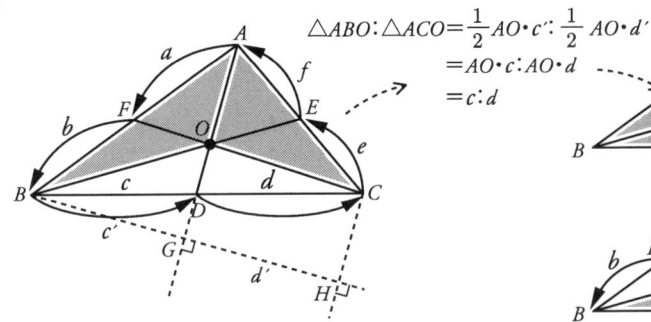

$\triangle ABO:\triangle ACO=\frac{1}{2}AO\cdot c':\frac{1}{2}AO\cdot d'$
$=AO\cdot c:AO\cdot d$
$=c:d$

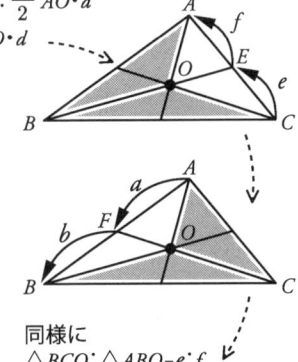

$$\frac{a}{b}\times\frac{c}{d}\times\frac{e}{f}=\frac{\triangle ACO}{\triangle BCO}\times\frac{\triangle ABO}{\triangle ACO}\times\frac{\triangle BCO}{\triangle ABO}=1$$

同様に
$\triangle BCO:\triangle ABO=e:f$
$\triangle ACO:\triangle BCO=a:b$

2. メネラウスの定理

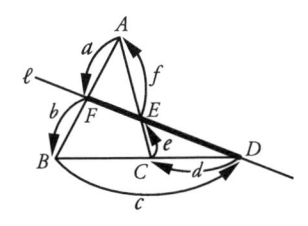

$$\frac{a}{b}\times\frac{c}{d}\times\frac{e}{f}=1$$

【証明】

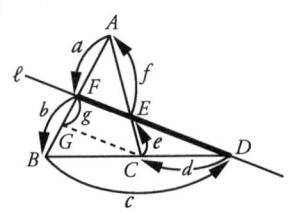

$$\frac{a}{b}\times\frac{b}{g}\times\frac{g}{a}=1$$

図頁 21

●ナポレオンの定理の証明1（外ナポレオン三角形は正三角形）

1. 外ナポレオン三角形と第一ナポレオン点

フランス皇帝ナポレオンは数学好きで、三角形に関する複数の「ナポレオンの定理」を残している。すべてはスペースの都合で紹介できないが比較的簡単な2定理を示す。

★ 定理1：任意の三角形 $\triangle ABC$ において3辺 BC、CA、AB の外側にその辺を1辺とする正三角形 $\triangle DBC$、$\triangle ECA$、$\triangle FAB$ を描き、その重心を D_g（g は重心 center of gravity の g）、E_g、F_g とする。その3重心を結ぶ三角形 $\triangle D_g E_g F_g$ は正三角形となる。これを外ナポレオン三角形という。

★ 定理2：外ナポレオン三角形の頂点 D_g、E_g、F_g と対面にある元の三角形の頂点 A、B、C を結ぶ線分 AD_g、BE_g、CF_g は1点で交わる。これを第一ナポレオン点という。

この2定理は17頁までに学んだことを総合すると理解できるので理解に挑戦してみよう。どうしても難しいと感じる人は読み飛ばすこと。

2. $\triangle AFC \equiv \triangle ABE$ の証明とその活用[*15]

$\triangle FBA$ は正三角形なので $AF = AB$ …(1)。$\triangle EAC$ も正三角形なので $AC = AE$ …(2)。$\angle FAC = \angle FAB + \angle A$、$\angle BAE = \angle A + \angle CAE$。いずれも正三角形の角なので $\angle FAB = \angle CAE = 60°$。よって $\angle FAC = \angle BAE$ …(3)。(1)(2)(3)(2辺夾角)より $\triangle AFC \equiv \triangle ABE$。よって $FC = BE$ …(4)。同様に $\triangle BDA \equiv \triangle BCF$、$DA = CF$ …(5)。(4)(5) より $AD = BE = CF$ …(6)。

3. 定理1：$\triangle AFC \backsim \triangle AF_g E_g$ の証明とその活用

$\angle FAC = \angle FAB + \angle A = 60° + \angle A$ …(7)。$\angle F_g AE_g = \angle F_g AB + \angle A + \angle CAE_g$。14頁にあるように正三角形の重心と頂点を結ぶ線と辺との角は $30°$ なので、$\angle F_g AE_g = 30° + \angle A + 30° = 60° + \angle A$ …(8)。(7)(8) より $\angle FAC = \angle F_g AE_g$ …(9)。$\triangle F_g AF$、$\triangle E_g AC$ は底角 $30°$ の二等辺三角形で図のような辺比となる。よって $FA = \sqrt{3} F_g A$、$AC = \sqrt{3} E_g A$、$FA : F_g A = AC : E_g A = \sqrt{3} : 1$ …(10)。(9)(10) より2辺の比とその間の角が等しいので $\triangle AFC \backsim \triangle AF_g E_g$ で相似比は $\sqrt{3} : 1$。よって $CF = \sqrt{3} F_g E_g$ …(11)。同様に $\triangle BDA \backsim \triangle BD_g F_g$、$AD = \sqrt{3} D_g F_g$ …(12)。同様に $\triangle CEB \backsim \triangle CE_g D_g$、$BE = \sqrt{3} E_g D_g$ …(13)。(6) $(AD = BE = CF)$、(11)(12)(13) より $F_g E_g = D_g F_g = E_g D_g$。よって外ナポレオン三角形 $\triangle D_g E_g F_g$ は正三角形。

[*15] 元の $\triangle ABC$ の角は実際は複雑な図形の中では $\angle BAC$、$\angle CBA$、$\angle ACB$ と書くのが正確であるが、煩雑さを避けるため $\angle A$、$\angle B$、$\angle C$ と表記した。

1.

第1ナポレオン点
外ナポレオン三角形

2.

3. ▲=30°

正三角形
△FBAを取り出し
ほぼ180°回転

(図頁14に同じ図あり。確認しよう。)

$A \overset{\blacktriangle \blacktriangle}{\underset{\sqrt{3}}{}} F$ に F_g を頂点とする二等辺三角形、辺$A F_g = F F_g = 1$

(図頁6にこの二等辺三角形あり。確認しよう。)

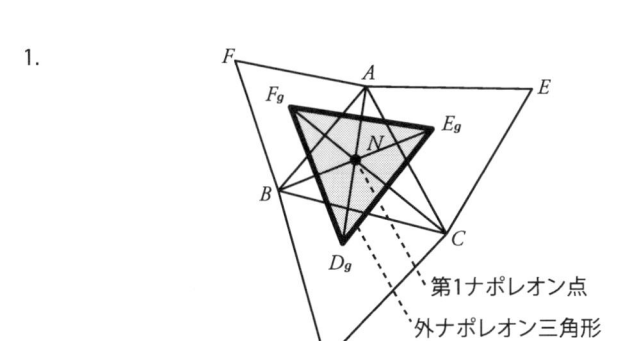

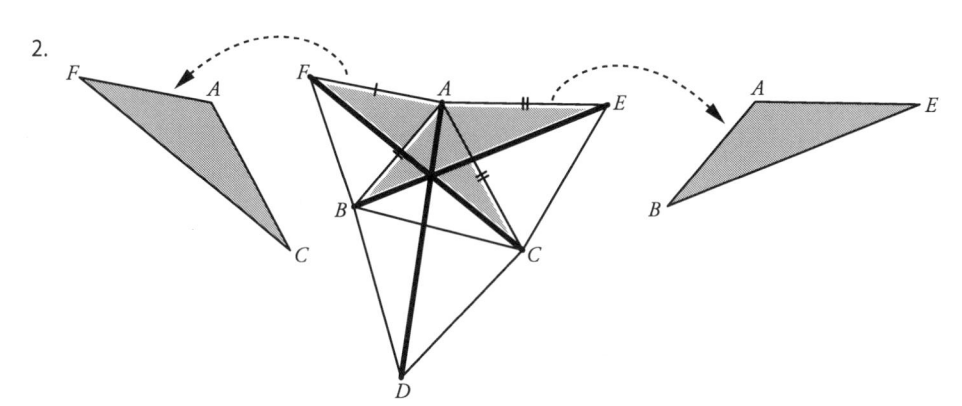

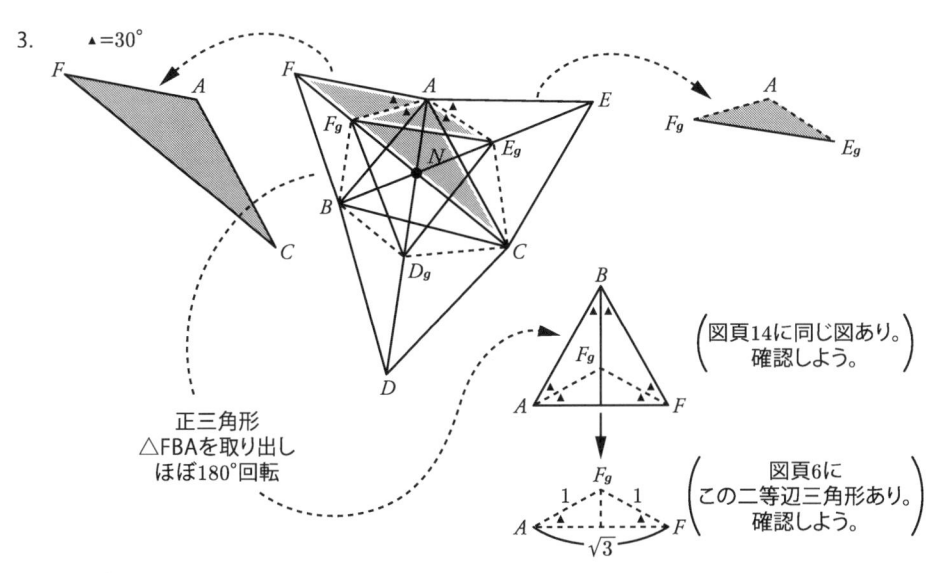

※イメージ図のため、実際とは縮尺等異なることがあります

図頁22

●ナポレオンの定理の証明 2(第一ナポレオン点)

【前頁定理 2 の証明】
1. 「チェバの定理の逆」の活用、線比を面積比に置き換える

元の $\triangle ABC$ でチェバの定理に相当する辺比設定をし、チェバの定理の式が成り立つと、3 線が 1 点で交わることが証明できる。D_g、E_g、F_g と対面する元の三角形の頂点を結ぶ線分 AD_g、BE_g、CF_g が辺 BC、CA、AB と交わる点を A_n、B_n、C_n(n はナポレオンの意味)とし、右上図のようにチェバの定理で使う辺比記号を設定する。左図で辺を黒く縁どりした $\triangle ABD_g$ と $\triangle ACD_g$ の面積を比較する。

この両三角形で共有する AD_g を底辺とみなすと、21 頁のチェバの定理の証明でしたように高さの比は $c:d$。よって面積比は $\triangle ABD_g : \triangle ACD_g = c:d$ …(1)。同様に $\triangle CAF_g : \triangle CBF_g = a:b$ …(2)、$\triangle CBE_g : \triangle ABE_g = e:f$ …(3)。(1)(2)(3) より証明すべきチェバの定理の左辺を面積比に置き換えることができる。$\dfrac{a}{b} \times \dfrac{c}{d} \times \dfrac{e}{f} = \dfrac{\triangle CAF_g}{\triangle CBF_g} \times \dfrac{\triangle ABD_g}{\triangle ACD_g} \times \dfrac{\triangle CBE_g}{\triangle ABE_g}$ …(4)。

2. 頂角が同じ三角形の面積比は「左 × 右」比 (18 頁) の活用

$\triangle F_g AC$ ($\triangle CAF_g$) と $\triangle E_g AB$ ($\triangle ABE_g$) において、$\angle F_g AC = \angle F_g AB + \angle A = 30° + \angle A$ …(5)。$\angle E_g AB = \angle E_g AC + \angle A = 30° + \angle A$ …(6)。(5)(6) より $\angle F_g AC = \angle E_g AB$ …(7)。16 頁で学んだように頂角が同じ三角形の面積は「左 × 右」比なので、$\triangle F_g AC : \triangle E_g AB = (AF_g \times AC) : (AE_g \times AB)$ …(8)。底角 $30°$ の二等辺三角形の辺の関係より $AB = \sqrt{3} AF_g$、$AC = \sqrt{3} AE_g$ …(9)。(8) に (9) を代入し $\triangle F_g AC : \triangle E_g AB = (AF_g \times \sqrt{3} AE_g) : (AE_g \times \sqrt{3} AF_g) = 1:1$。よって $\triangle F_g AC = \triangle E_g AB$ …(10)。

図のように元の図形を回転して B、C が上に来るように配置すると B、C について同じ関係にある 2 つの三角形が発見しやすくなる。同様に $\triangle D_g BA = \triangle F_g BC$ …(11)。$\triangle E_g CB = \triangle D_g CA$ …(12)。

式 (4) の $\triangle CAF_g$ は $\triangle F_g AC$、$\triangle CBF_g$ は $\triangle F_g BC$、$\triangle ACD_g$ は $\triangle D_g CA$ である。式 (4) は、$\dfrac{\triangle F_g AC}{\triangle F_g BC} \times \dfrac{\triangle D_g BA}{\triangle D_g CA} \times \dfrac{\triangle E_g CB}{\triangle E_g AB}$ となる。$\triangle F_g AC$、$\triangle F_g BC$、$\triangle D_g CA$ を (10)(11)(12) で置き換えると、$\dfrac{\triangle E_g AB}{\triangle D_g BA} \times \dfrac{\triangle D_g BA}{\triangle E_g CB} \times \dfrac{\triangle E_g CB}{\triangle E_g AB} = 1$。よってチェバの定理の式が成り立つ。よって 3 線は 1 点で交わり、この点を第一ナポレオン点という。

1.

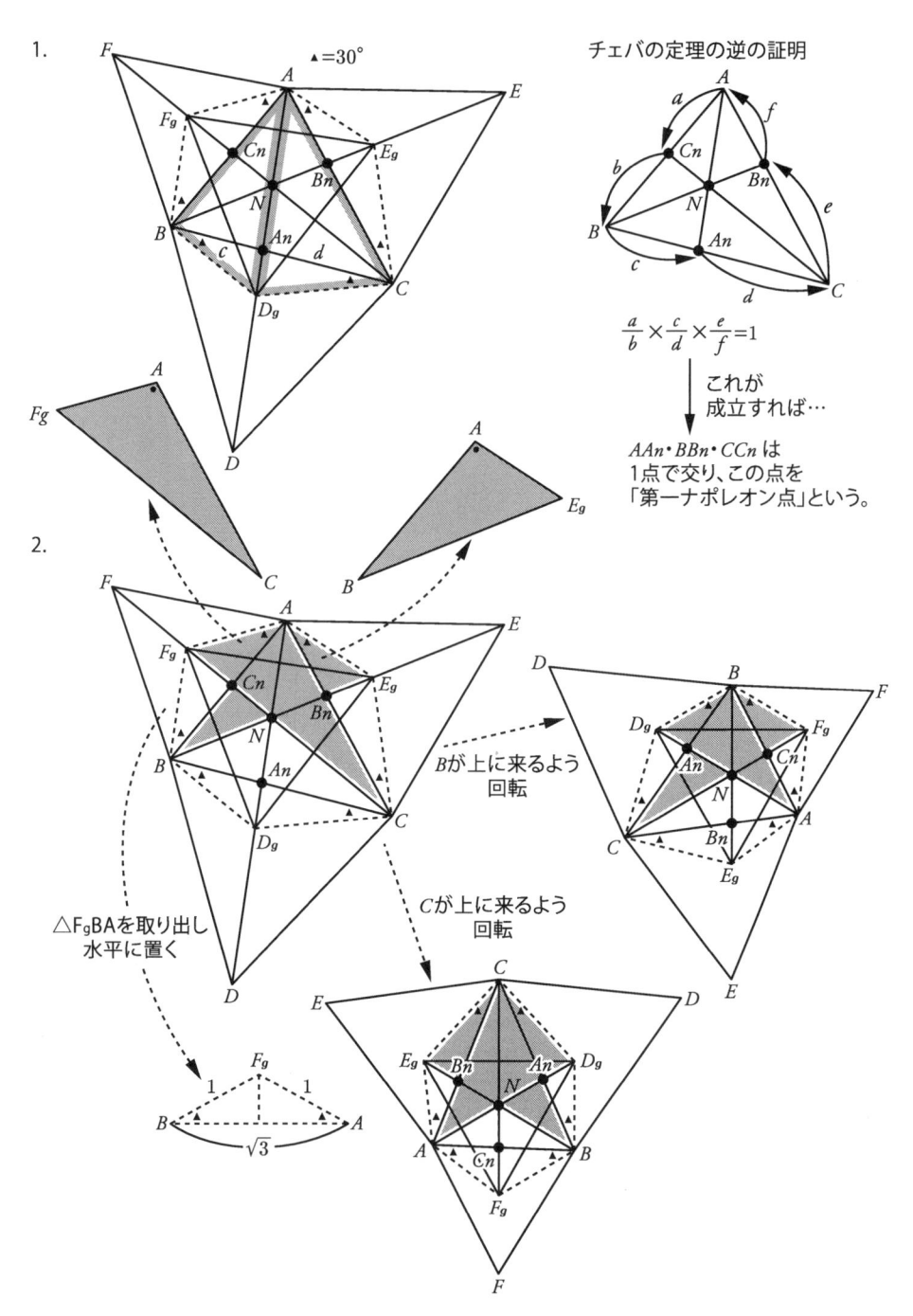

▲ = 30°

チェバの定理の逆の証明

$$\frac{a}{b} \times \frac{c}{d} \times \frac{e}{f} = 1$$

↓ これが成立すれば…

$AA_n \cdot BB_n \cdot CC_n$ は1点で交り、この点を「第一ナポレオン点」という。

2.

△F_gBAを取り出し水平に置く

Bが上に来るよう回転

Cが上に来るよう回転

※イメージ図のため、実際とは縮尺等異なることがあります

図頁23

●座標と一次関数（方程式）

1. 座標による点の位置の表し方

　これまで図形のことを「白紙の平面」に書くように考えてきた。しかし、平面に水平、垂直の線を書き、位置を示す座標 (coordinates) の考えを使うと図形を構成する点や直線の関係を数式で示すことができる。

　平面で中心となる原点 O（origin の O）を決め、O を通る横軸（x 軸）、縦軸（y 軸）を書く。x 軸、y 軸に対する平行線を同じ幅で書き、ゴバン目にしていく。x 軸では右側を $+$、左側を $-$、y 軸では上側を $+$、下側を $-$ として原点からの距離の数値を書きこむ。すると点の位置を地図の「経度、緯度」のように示すことができる。図の点 B は x 軸方向 2、y 軸方向 3 である。x 軸方向、y 軸方向の位置を x 座標、y 座標といい、点の位置は、(x 座標, y 座標) のように示す。たとえば点 B は $B(2,3)$ と示す。他の点も確認してみよう。x 軸、y 軸で区切られた 4 区画のうち、$(+,+)$ の区画を第 1 象限、$(-,+)$ の区画を第 2 象限、$(-,-)$ の区画を第 3 象限、$(+,-)$ の区画を第 4 象限という。象限 $1 \to 4$ の順番は反時計回りとなる。地図に例えると北東地区（第 1 象限）、北西地区（第 2 象限）、南西地区（第 3 象限）、南東地区（第 4 象限）となる。

2. 正比例を示す座標上の直線と方程式

　ある値 (x) が決まると別の値 (y) が決まるとき、y は x の関数 (function) であるという。例えば、エアコンをつけてからの時間を x 時間、室温を y°C とする。エアコンは 6 段階設定でき、「強暖」では 1 時間ごと室温を 2°C、「中暖」では 1°C、「弱暖」では 0.5°C（2 時間で 1°C）上げる。「強冷」では 2°C、「中冷」では 1°C、「弱冷」では 0.5°C（2 時間で 1°C）下げる。それぞれの設定で x（時間）、y（室温）を (x,y) のように示すと、強暖「$(0,0)(1,2)(2,4)\cdots$」、中暖「$(0,0)(1,1)(2,2)\cdots$」、弱暖「$(0,0)(2,1)(4,2)\cdots$」、強冷「$(0,0)(1,-2)(2,-4)\cdots$」、中冷「$(0,0)(1,-1)(2,-2)\cdots$」、弱冷「$(0,0)(2,-1)(4,-2)\cdots$」となる。これを座標上に書き、点を結び、x がマイナスの象限まで延長していくと図のような直線となる。y と x の関係は図中の式のように書ける。x や y などの文字を含む等式を方程式 (equation) といい、これらは正比例の方程式である。

3. 正比例以外の一次関数の直線と方程式

　座標上に直線で書ける関係を一次関数といい、2 のような正比例の他にも、最初の温度 6°C で同じエアコンを使った場合、直線と式は図のように書ける。座標を使うと直線を数式（方程式）で示すことができる。

1. 座標による点の位置の示し方

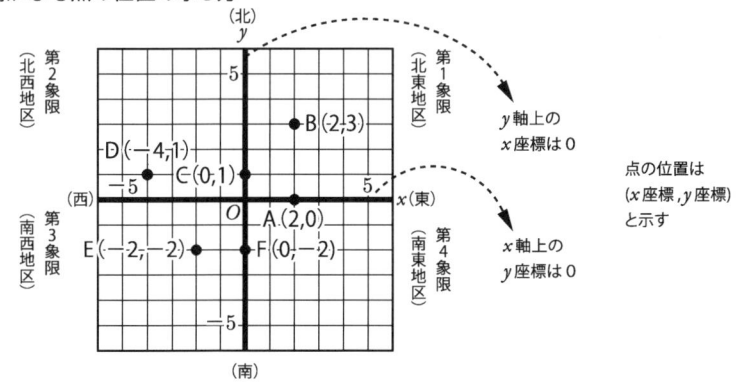

   - y軸上のx座標は0
   - 点の位置は(x座標, y座標)と示す
   - x軸上のy座標は0

2. 正比例を示す座標上の直線と方程式

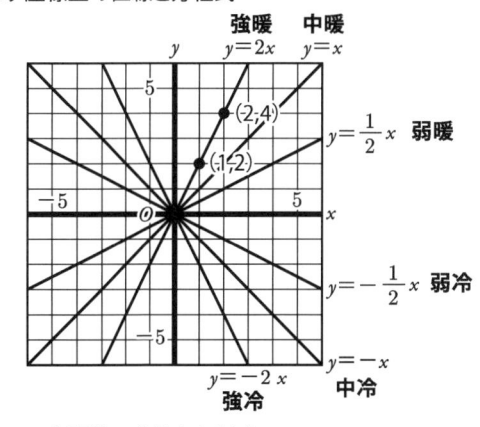

   - 強暖 $y=2x$
   - 中暖 $y=x$
   - 弱暖 $y=\frac{1}{2}x$
   - 弱冷 $y=-\frac{1}{2}x$
   - 中冷 $y=-x$
   - 強冷 $y=-2x$

3. 正比例以外の一次関数の直線と方程式

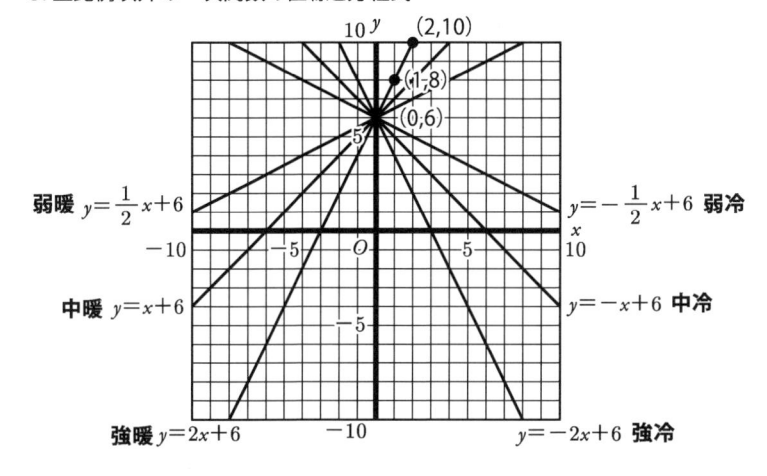

   - 弱暖 $y=\frac{1}{2}x+6$
   - 中暖 $y=x+6$
   - 強暖 $y=2x+6$
   - 弱冷 $y=-\frac{1}{2}x+6$
   - 中冷 $y=-x+6$
   - 強冷 $y=-2x+6$

図頁24

●座標の中の三角形1　～座標のメリット～

1. 白紙上と座標上の三角形の比較
　合同な三角形を白紙に置いた場合と、座標上に置いた場合を比べてみよう。白紙上では辺の長さと角の角度のみは分かるが、頂点や辺の様子を数値で示すことはできない。しかし座標上に置くと、3頂点の座標が決まり、3辺の線分を延長した直線は方程式で示すことができる。

2. 頂点座標が決まる
　座標上のどんな三角形でも3頂点の位置を座標で示すことができる。$\triangle OAB$ の頂点は $O(0,0)$、$A(2,4)$、$B(4,2)$ と示すことができる。これから、この $\triangle OAB$ について、様々な角度から見ていこう。

3. 辺の長さと中点の座標が決まる
　3頂点の座標がわかれば辺の長さが計算できる。辺 AB は、座標のゴバン目から直角二等辺三角形の斜辺とわかり、長さは $2\sqrt{2}$ と分かる。OA も OB も座標から長さ $2\sqrt{5}$ と分かる。そして中点の座標は $(1,2)(2,1)(3,3)$ と分かる。

　$\triangle OAB$ は頂点の座標が整数で辺もゴバン目で測りやすい位置にあったが、座標が整数でなかったり、辺がゴバン目とずれていた場合にはどうするか。その場合でも、一般に線分の中点や線分の長さは座標から計算できる。図に示したように辺 AB の中点の x 座標、y 座標は、2点の x 座標、y 座標の平均となる。AB の長さは右図のような水平な線、垂直な線を含み、線分を斜辺とする直角三角形を書くと、三平方の定理で $(2点のx座標の差)^2 + (2点のy座標の差)^2 = (線分の長さ)^2$ となり、図中の式のように計算できる。

4. 重心の座標も決まる
　$\triangle OAB$ は重心の位置が $(2,2)$ となることが図から分かるが、一般的には重心が図中でゴバン目上で正確に推定できることは少ない。ただ3頂点の座標が分かれば、(重心の x 座標, 重心の y 座標) = (3頂点の x 座標の平均, 3頂点の y 座標の平均) となる。いかにも三角形の板をヒモでつるしたとき、釣り合いそうな点である[16]。

---

[16] 重心の証明には線分の内分という考えを使う。内分、外分という考えはセットで説明したほうがよいが、本書ではスペースの関係で省略した。

1. 白紙上と座標上の三角形の比較

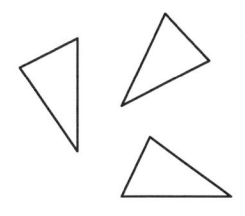

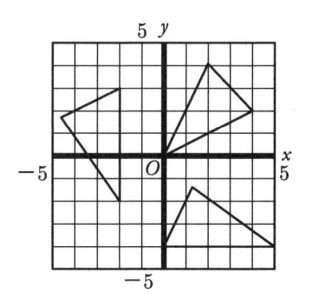

2. 頂点座標が決まる

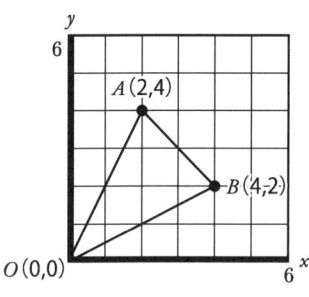

3. 辺の長さと中点の座標が決まる

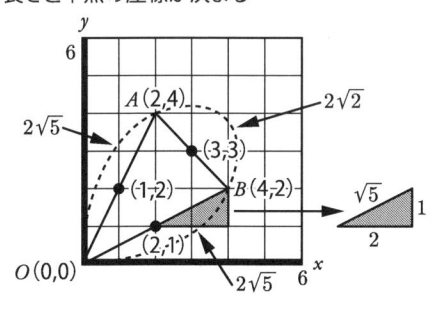

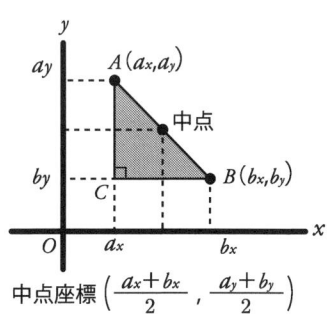

中点座標 $\left(\dfrac{a_x+b_x}{2}, \dfrac{a_y+b_y}{2}\right)$

線分ABの長さ（2点AB間の距離）
$\sqrt{(a_x-b_x)^2+(a_y-b_y)^2}$

4. 重心の座標も決まる

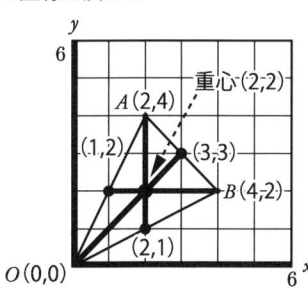

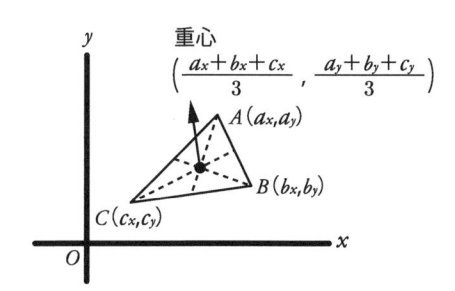

重心 $\left(\dfrac{a_x+b_x+c_x}{3}, \dfrac{a_y+b_y+c_y}{3}\right)$

●座標の中の三角形 2 〜面積の求め方〜

三角形の面積の求め方には様々なアプローチの方法があることを楽しんでほしい。

1. 外接する座標上の長方形面積から、ふちの 3 つの三角形面積を引く
(a) 三角形に外接する長方形面積（この場合は正方形）$= 4 \times 4 = 16$。
(b) 三角形ア（ウ）$= \frac{1}{2} \times 2 \times 4 = 4$。
(c) 三角形イ $= \frac{1}{2} \times 2 \times 2 = 2$。
(d) $\triangle OAB = 16 - 4 - 4 - 2 = 6$。

2. 水平（あるいは垂直）の線分で 2 つの三角形に分割する

B を通り、x 軸に平行な直線を引き OA との交点を B' とする。すると $B'B$ で $\triangle OAB$ は 2 つの三角形に分割される。どちらも $B'B$ を底辺とみなすと、$\triangle OAB = \triangle AB'B + \triangle OB'B = \frac{1}{2} \times 3 \times 2 + \frac{1}{2} \times 3 \times 2 = 6$。

A を通り、y 軸に平行な直線を引き OB との交点を A' として 2 つの三角形に分割しても、この場合同じ計算式となる。ただ、三角形によっては縦分割と横分割で、できる三角形が異なり、計算式が異なることもある。その場合でも合計面積は一致する。

3. 座標から直接計算する方法

三角形の 1 頂点が原点の場合、残りの 2 頂点の x 座標、y 座標だけで簡単に面積が計算できる。$\triangle OAB = \frac{1}{2} |a_x b_y - a_y b_x|$。

「たすき掛け」のように異なる点どうしの x 座標、y 座標をかけたものの差の絶対値の半分が面積となる。

$|x|$ とは x の絶対値 (absolute value) を示す記号で、$+$ の数でも $-$ の数でもその数値のみを示す。$|12| = 12$、そして $|-12| = 12$ となる。証明は省略するが、非常に便利な公式である。

4. ピックの定理（格子点利用による計算）

オーストリアの数学者ピックが発見したこの方法は、3 頂点ともに格子点 (lattice point) にあるときのみ使用できる。格子点とは x 座標、y 座標ともに整数の点で、座標においては水平、垂直の線の交点の部分となる。

図形内部の格子点を ●、図形の線上の格子点を ○ と置き、数を数えると、● + ○/2 − 1 が図形の面積となる。三角形以外でも成り立ち、正方形アの面積は $0 + 4/2 - 1 = 1$、正方形イの面積は $1 + 8/2 - 1 = 4$ となる。

1. 外接する座標上の長方形面積から、ふちの3つの三角形面積を引く

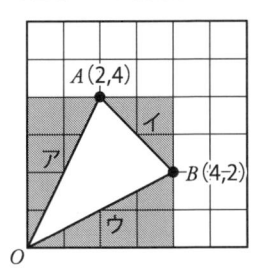

2. 水平（あるいは垂直）にひいた線分で2つの三角形に分割する

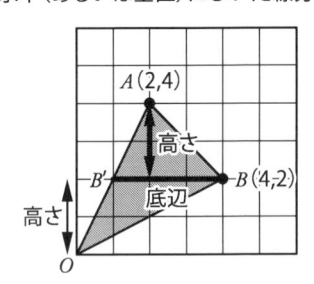

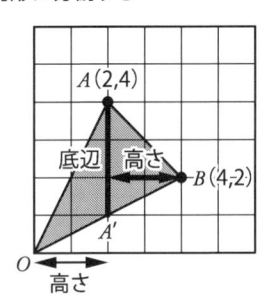

3. 座標から直接計算する

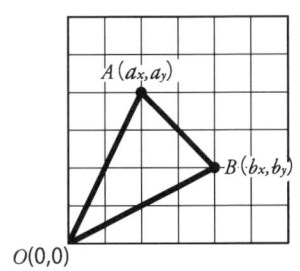

$$\frac{1}{2}|a_x b_y - a_y b_x|$$

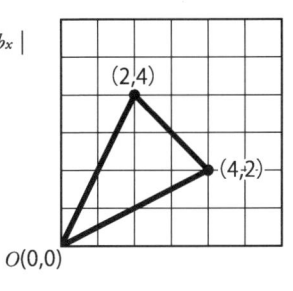

$$\frac{1}{2}|2\times 2 - 4\times 4|$$
$$=\frac{1}{2}\times|-12|$$
$$=\frac{1}{2}\times 12$$
$$= 6$$

4. ピックの定理（格子点利用による計算）

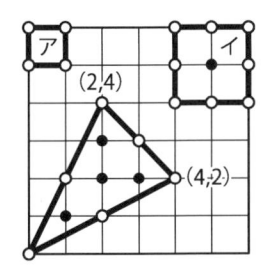

●の数 + $\frac{○の数}{2}$ − 1 = 面積

●座標の中の三角形3　〜辺を方程式で示すメリット〜

1. 3辺の直線の方程式を求める

$\triangle OAB$で3辺OA、OB、AB（OA、OB、ABを両側に延長した直線）の方程式を求めてみよう。OAは座標$(0,0)(1,2)(2,4)$を通るので方程式は$y=2x$。OBは座標$(0,0)(2,1)(4,2)$を通るので方程式は$y=\dfrac{1}{2}\times x$、ABは$(0,6)$を通り、xが1増えるとyが1減るので、24頁のたとえでいうと「最初の室温6°C」、「中冷」設定で1時間に1°Cずつ冷えていく」方程式で$y=-x+6$となる。

一般的に直線の方程式は$y=ax+b$（a、bは条件によって決まる数値）の形で書けることが多い。正比例の場合はbがなく$y=ax$の形となるが、これは$b=0$だからである。aを傾きといい、xが1増えたときyが変化する割合を示す。グラフではaが正なら右上がり、aが負なら右下がりの直線となる。bはy切片といい、y軸との交点のy座標を示す。正比例の場合b（y切片）は0となる。

$\triangle OAB$は$OA=OB$の二等辺三角形であり、OからABに下ろした垂線が中線ともなるので、図のように$AB(=2\sqrt{2})$を底辺と考えると、高さ$OD=3\sqrt{2}$で、$\triangle OAB$の面積は$\dfrac{1}{2}\times 2\sqrt{2}\times 3\sqrt{2}=6$と計算できる。しかし$OB$を底辺とした場合、$A$から$OB$に下ろした垂線（高さ）は座標上のゴバン目と一致せず図上では分からない。この場合どうすればよいのか？

2. 点と直線の距離の公式

座標上で、点の座標と直線の方程式がわかっている場合、以下のような公式で点と直線の距離（点から直線に下ろした垂線の長さ）を求めることができる。

直線$ax+by+c=0$と点(x_0,y_0)の距離の公式[*17]：$\dfrac{|ax_0+by_0+c|}{\sqrt{a^2+b^2}}$。

OBを底辺としたときの高さを求めるために、AとOBの距離(AE)を求めてみよう。OBは$y=\dfrac{1}{2}\times x$。変形して$2y=x$、つまり$x-2y=0$。よって公式での$a=1$、$b=-2$、$c=0$となる。Aの座標は$(2,4)$で$x_0=2$、$y_0=4$となる。$AE=\dfrac{|1\times 2+(-2)\times 4+0|}{\sqrt{1^2+2^2}}=\dfrac{6}{\sqrt{5}}$。$OB=2\sqrt{5}$（→ 25頁）なので、$\triangle OAB=\dfrac{1}{2}\times OB\times AE=\dfrac{1}{2}\times 2\sqrt{5}\times\dfrac{6}{\sqrt{5}}=6$。

この公式の証明は行わないが、座標が決まると様々なことが分かることを感じてほしい。

[*17] 公式の記号にはa、b、c、…を使うことが多いが、それぞれ別の公式では別の値や意味になる。本公式のa、bは1で説明した方程式のa、bとは異なる値や意味であることに注意してほしい。

1. 3辺の直線の方程式を求める

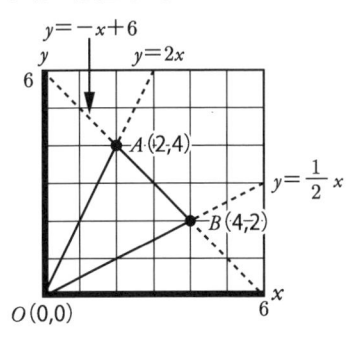

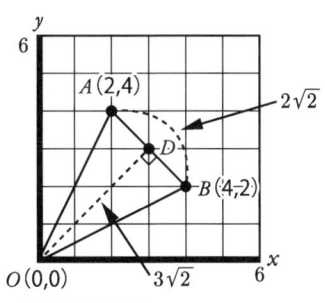

ABを底辺と考えた
三角形の面積は簡単に求まるが
OBを底辺と考えた場合は？

2. 点と直線の距離の公式

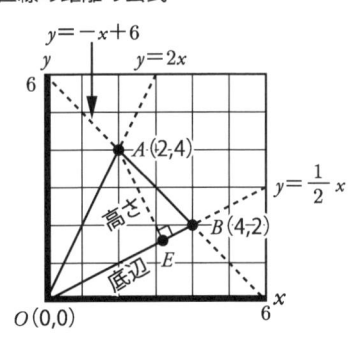

高さAEを求める式は？
直線$ax+by+c=0$と点(x_0, y_0)の距離の公式
（点(x_0, y_0)から直線に下ろした垂線の長さ）

$$\frac{|ax_0+by_0+c|}{\sqrt{a^2+b^2}}$$

●三角関数 1 　～ $\sin\alpha$、$\cos\alpha$、$\tan\alpha$ とは？ ～

　これまでも中学校の学習の延長で理解できそうな高校数学の内容を含めてきたが、この頁からは完全に高校数学の内容である。したがって小中学生は完全には理解できなくても、イメージが分かるだけでも楽しくなるはずなので、5 割理解できれば十分と思って、気張らずに読み進めてほしい。

1. 三角比

　直角三角形を右下が 90°（直角）となるように置き、左下の角度を α で示す。α が同じならばこの直角三角形をどのように拡大、縮小しても相似な直角三角形となるため、3 辺の比は等しい。そこで右頁の左上図のように 2 辺どうしの比（辺▲/辺●）を示す sin（サイン）、cos（コサイン）、tan（タンジェント）という記号を導入し、$\sin\alpha$、$\cos\alpha$、$\tan\alpha$ と示す。これを三角比 (trigonometric ratio) という。それぞれがどの辺の比を示すかは、cos、sin、tan の最初の文字である c、s、t を筆記体で書いた場合、筆記の進む順に分母→分子になると考えればよい。辺比 3：4：5 の直角三角形では右図のようになる。

2. 三角比の実用

　ピラミッドの高さを直接測ることは難しい。しかし晴れた日のある時刻にピラミッドの近くで棒を立て、棒の高さと棒の影の長さ、そしてピラミッドの影の先端部の位置を記録する。すると影の長さと高さの関係は、角度 α で三角比を考える場合と同じで、

　　棒の影：棒の高さ ＝ ピラミッド底面の中心と影先端までの距離：ピラミッドの高さ

で計算することができる。このような経験から次第に三角比のような考え方が生み出され、α さえわかれば高さを推定できる計測につながっていった。

3. 直角三角形の 1 辺の長さと角度を使い、他の辺を三角比で示すことができる

　sin、cos、tan を使うと図のように 1 辺と角度 α がわかっている直角三角形ならば他の辺を $r\cos\alpha$、$r\sin\alpha$、$x\tan\alpha$ のように示すことができる。

　アで三角形の高さを y として、それを α を使って示すと $y = r\sin\alpha$ のようにも書ける。このように三角比を使って示した方程式、関数を三角関数 (trigonometric function) という。

4. sin を用いた面積の公式

　三角形の面積は 26 頁で示した方法の他に sin を使った公式もある。4 頁で示した辺の小文字表記を使って示すと左図のように高さを $\sin\alpha$ を使って表現でき、三角形の面積は $\frac{1}{2}ab\sin C = \frac{1}{2}bc\sin A = \frac{1}{2}ca\sin B$ と示すことができる。

1. 三角比

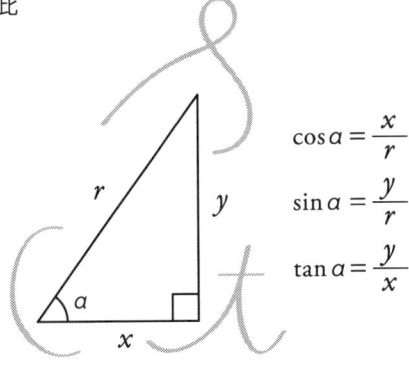

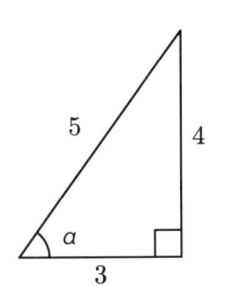

$\cos a = \dfrac{x}{r}$

$\sin a = \dfrac{y}{r}$

$\tan a = \dfrac{y}{x}$

$\cos a = \dfrac{3}{5}$

$\sin a = \dfrac{4}{5}$

$\tan a = \dfrac{4}{3}$

2. 三角比の実用

棒の高さ
棒の影の長さ

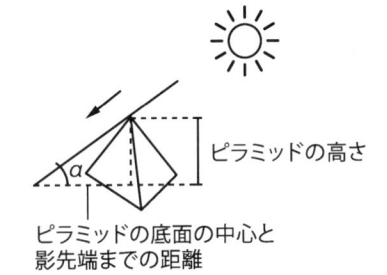

ピラミッドの高さ
ピラミッドの底面の中心と影先端までの距離

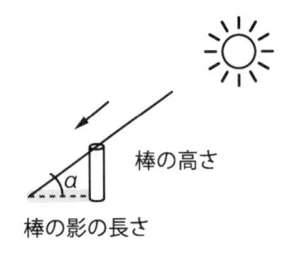

3. 直角1辺の長さと角がわかると他辺は三角比で示すことができる。

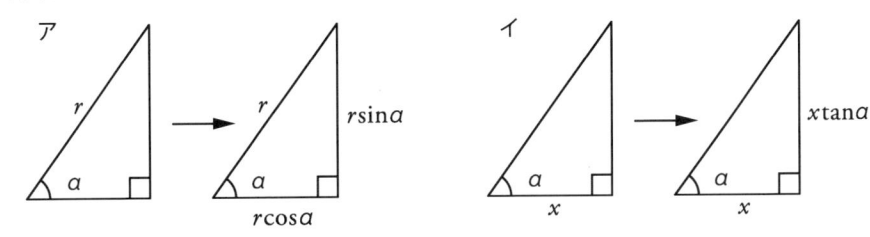

ア $r\sin a$, $r\cos a$

イ $x\tan a$

4. sinを用いた面積の公式

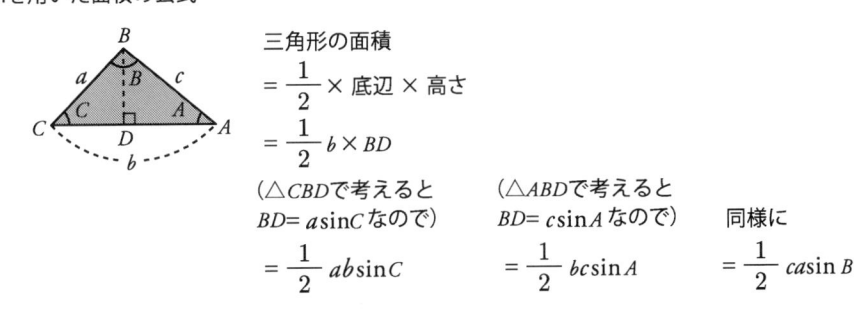

三角形の面積

$= \dfrac{1}{2} \times 底辺 \times 高さ$

$= \dfrac{1}{2} b \times BD$

（△CBDで考えると $BD = a\sin C$ なので）

$= \dfrac{1}{2} ab \sin C$

（△ABDで考えると $BD = c\sin A$ なので）

$= \dfrac{1}{2} bc \sin A$

同様に

$= \dfrac{1}{2} ca \sin B$

●三角関数2　～動径、極座標、単位円～

1. 動径と一般角

　三角形など図形では、2線のなす角を特に小さい角で示したものを角と考えてきた。ここで角の考え方を図形の中の角ではなく、別の考え方をしてみよう。OA を出発点（始線）として、最初 OA に重なっていた OB が反時計回りに回転した場合、OB を動径 (moving radius)、その回転した角を一般角という。一般角は何回転してもよいので、360° を超えた角もあり、45° と 405° では動径は同じ位置に来る。また「時計回り」は − の角とみなすので OA から時計回りに回転した OC の一般角は −120° となる。同じ OC の位置に来る場合でも反時計回りに回転すれば 240° である。1回転分を考えるとき、反時計回りのみで 0°～360° を考えることもあるが、両方向へ半回転ずつすると1回転分になると見なして −180°～180° の範囲を考えることもある。

2. 直交座標

　これまで説明してきた水平軸（x 軸）と垂直軸（y 軸）が原点で直交する座標は、とくに直交座標 (orthogonal coordinates) といい、ほとんどの場合、座標といえば直交座標を示す。直交座標は格子点上の点を示すことには向いているが、$\sqrt{}$ などの数値を含む座標の位置は格子点からはずれる。そして、点と原点を結ぶ動径の一般角ははわかりにくく、動径の動きはとらえにくい。

3. 極座標と単位円

　極座標 (polar coordinates) は原点 O から放射状の線と同心円を書き、平面上の座標を（動径の長さ，一般角）と表記したものである。直交座標では格子点にならない $(2\sqrt{3}, 2)$ を極座標に置くと、$(4, 30°)$ とシンプルに表現できる。動径の動き（回転）をとらえたいときは極座標を使うこともできる。

　原点を中心とするの半径1の円を単位円 (unit circle) といい、動径は1となる。動径の先端の点の動きを第1象限で考えた場合、点は x 座標が $\cos\alpha$、y 座標が $\sin\alpha$ で点の座標は $(\cos\alpha, \sin\alpha)$ と書ける。黒塗りの直角三角形に三平方の定理を当てはめると、$\cos^2\alpha + \sin^2\alpha = 1$ となる[*18]。

　動径1の単位円の一般角を 90° より大きくしていくと、前頁で示した直角三角形では $\sin\alpha$ や $\cos\alpha$ は考えられなくなる。そこで動径1で一般角 α の場合の三角比は動径の先端の点の x 座標、y 座標と考える。すると全ての一般角について三角比が考えられるようになり、三角関数の考えが拡張できる。

[*18] sin、cos、tan では慣習的に、例えば $\cos\alpha$ の2乗を $\cos^2\alpha$ などと書く。

1. 動径と一般角

1回転の角度の示し方

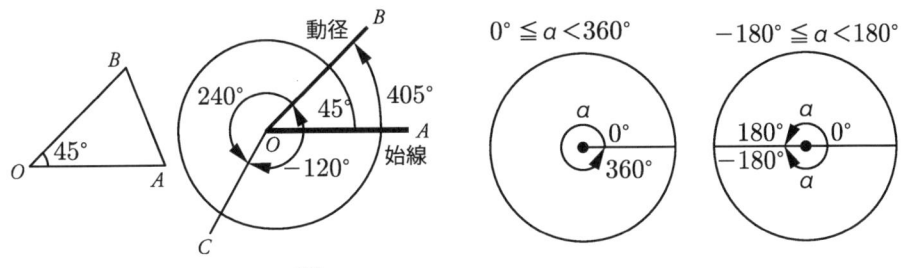

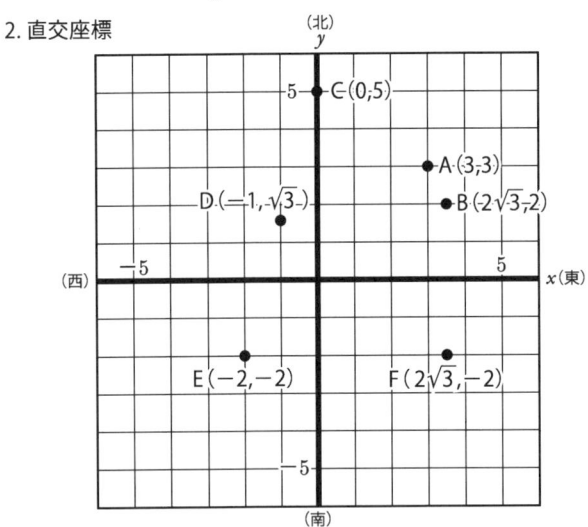

$0° \leq a < 360°$

$-180° \leq a < 180°$

2. 直交座標

(北) / (西) / (東) / (南)

C(0,5)
A(3,3)
D(−1, √3)
B(2√3, 2)
E(−2, −2)
F(2√3, −2)

3. 極座標と単位円

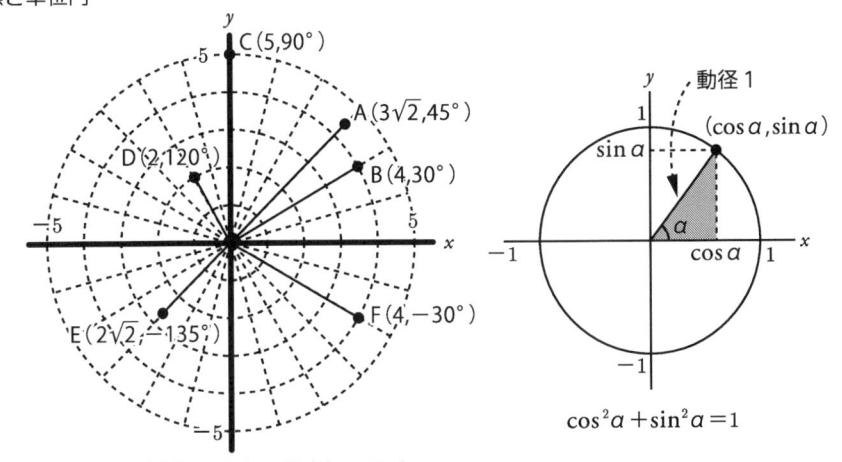

C(5, 90°)
A(3√2, 45°)
D(2, 120°)
B(4, 30°)
E(2√2, −135°)
F(4, −30°)

座標を（動径の長さ, 一般角）で示す

動径 1
$(\cos a, \sin a)$
$\sin a$
$\cos a$

$\cos^2 a + \sin^2 a = 1$

●三角関数 3 〜典型的な角度の $\cos\alpha$、$\sin\alpha$ 〜

$\cos\alpha$、$\sin\alpha$ の値は、α が 30°や 45°の倍数であるときに典型的な数値になる。これは実は小学校から慣れ親しんできた三角定規の「30°–60° triangle」「45° triangle」(→ 6 頁) の辺比の応用である。単位円内を回転する半径 1 の動径とその先端の円周上の点の x 座標が $\cos\alpha$、y 座標が $\sin\alpha$ であるので、点の座標は $(\cos\alpha, \sin\alpha)$ とかける。一般角の 1 回転分を $-180°\sim 180°$ までで考えてみよう。

30°の倍数、45°の倍数の $\cos\alpha$、$\sin\alpha$ の値は、＋－が混乱しやすいのに加え、30°の倍数では $\dfrac{1}{2}$ か $\dfrac{\sqrt{3}}{2}$ かで混乱しやすい。イメージをもちやすくするためには三角定規の活用をお勧めする。A3 の紙や画用紙を 2 枚用意し、それぞれで 30°–60° triangle、45° triangle を動かし、その動きを書き入れていく。紙の中央部に原点 O を書き、紙の横縦に平行な線をひき x 軸、y 軸とする。原点から x 軸にそって右側に三角定規の斜辺長さの線を太くひき、動径の始線とみなす。このページの図を参考にしながら、原点の周りを斜辺の片端を原点におき、もう一端が回転していく様子を確かめる。そして動くもう一端が円を描くことを確認し、できれば円周をなぞって描く。次に 30°、あるいは 45°ごとの節目で三角定規の辺比が $\cos\alpha$、$\sin\alpha$ になっていることを確認する。

1. 30°の倍数の $\cos\alpha$（x 座標）、$\sin\alpha$（y 座標）の値

α	$-180°$	$-150°$	$-120°$	$-90°$	$-60°$	$-30°$	$0°$	$30°$	$60°$	$90°$	$120°$	$150°$	$180°$
$\cos\alpha$	-1	$-\dfrac{\sqrt{3}}{2}$	$-\dfrac{1}{2}$	0	$\dfrac{1}{2}$	$\dfrac{\sqrt{3}}{2}$	1	$\dfrac{\sqrt{3}}{2}$	$\dfrac{1}{2}$	0	$-\dfrac{1}{2}$	$-\dfrac{\sqrt{3}}{2}$	-1
$\sin\alpha$	0	$-\dfrac{1}{2}$	$-\dfrac{\sqrt{3}}{2}$	-1	$-\dfrac{\sqrt{3}}{2}$	$-\dfrac{1}{2}$	0	$\dfrac{1}{2}$	$\dfrac{\sqrt{3}}{2}$	1	$\dfrac{\sqrt{3}}{2}$	$\dfrac{1}{2}$	0

2. 45°の倍数の $\cos\alpha$（x 座標）、$\sin\alpha$（y 座標）の値

α	$-180°$	$-135°$	$-90°$	$-45°$	$0°$	$45°$	$90°$	$135°$	$180°$
$\cos\alpha$	-1	$-\dfrac{\sqrt{2}}{2}$	0	$\dfrac{\sqrt{2}}{2}$	1	$\dfrac{\sqrt{2}}{2}$	0	$-\dfrac{\sqrt{2}}{2}$	-1
$\sin\alpha$	0	$-\dfrac{\sqrt{2}}{2}$	-1	$-\dfrac{\sqrt{2}}{2}$	0	$\dfrac{\sqrt{2}}{2}$	1	$\dfrac{\sqrt{2}}{2}$	0

1. 30°の倍数のcos α、sin αの値

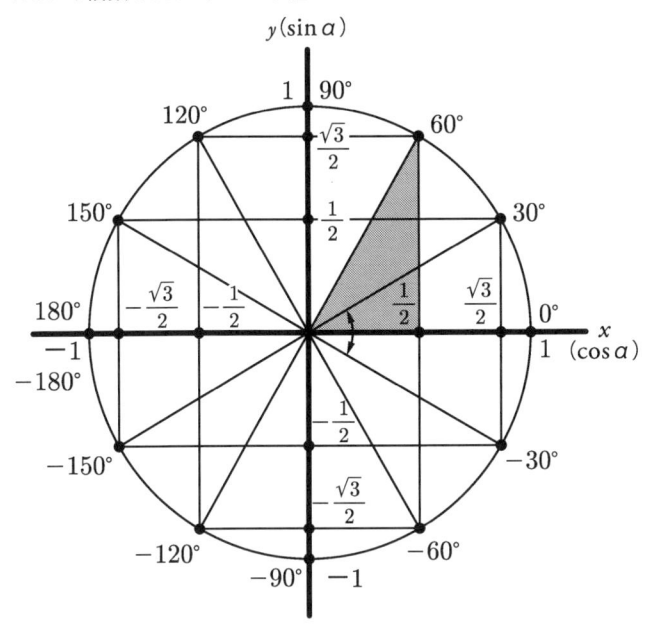

2. 45°の倍数のcos α、sin αの値

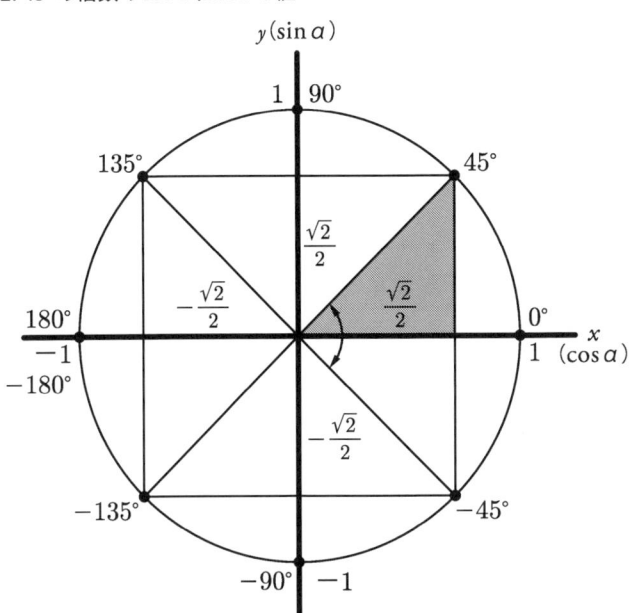

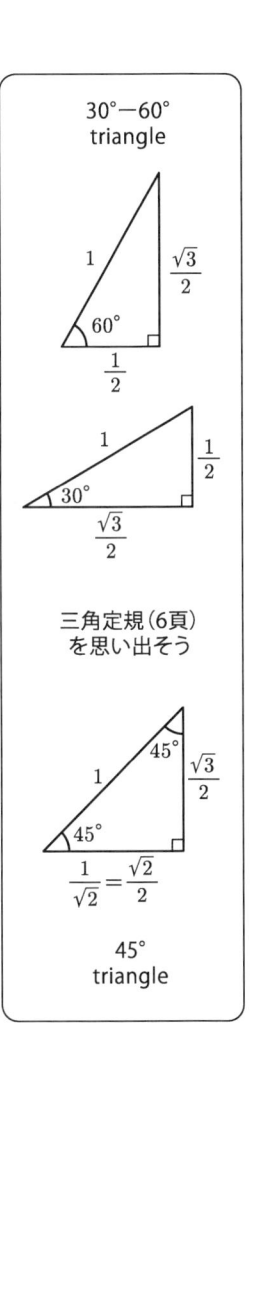

30°−60° triangle

45° triangle

三角定規（6頁）を思い出そう

●三角関数 4 〜角度と $\cos\alpha$、$\sin\alpha$ の変化〜

1. 何回転して戻ってきても $\cos\alpha$、$\sin\alpha$ は不変
　動径が何回転して元の位置に戻ってきても、点の x 座標、y 座標とも変わらないので、$\cos\alpha$、$\sin\alpha$ は不変。もちろん、回転は時計回り（一般角は $-$）でもよい。

2. x 軸、y 軸を軸に動径を対称移動させた場合の＋－は？
　図のように x 軸、y 軸を軸に動径を対称移動させた場合は x 座標、y 座標は変わらないか、絶対値は同じで＋－が逆転しているかどちらかである。

- x 軸を軸に対称移動させると一般角は $\alpha \to -\alpha$ と変化する。x 座標は不変であるが、y 座標は＋－が逆転する。
  $\cos(-\alpha) = \cos\alpha$、
  $\sin(-\alpha) = -\sin\alpha$。

- y 軸を軸に対称移動させると一般角は $180°-\alpha$。x 座標は反転し、y 座標は変わらない。
  $\cos(180°-\alpha) = -\cos\alpha$、
  $\sin(180°-\alpha) = \sin\alpha$。

3. $90°-\alpha$ で $\cos\alpha$、$\sin\alpha$ は相互転換する
　$90°-\alpha$ はちょうど $y=x$（斜め $45°$ の直線）を軸に線対称移動したことになる。動径を含む長方形を考えてみると長方形の横が x 座標（$\cos\alpha$）、縦が y 座標（$\sin\alpha$）である。それが $90°-\alpha$ になると、長方形の縦横が逆転していることから $\cos\alpha$、$\sin\alpha$ が相互転換していると確認できる。

　（勉強の仕方は個々人あるので一概に言えないが、私の場合は）三角関数の角の転換の公式を様々示されても、混乱するように感じた。そこでこの 3 つの公式を駆使してその都度計算することにした。慣れてくると時間がかからなくなるし、間違いにくいのでお勧めする。

【例】
- $\cos(\alpha-270°) = \cos(\alpha-360°+90°)$。$360°$ は消去して考えると、$= \cos(\alpha+90°) = \cos(90°-(-\alpha)) = \sin(-\alpha) = -\sin\alpha$。
- $\sin(90°+\alpha) = \sin(90°-(-\alpha)) = \cos(-\alpha) = \cos\alpha$。

1. 何回転して戻ってきても cos α、sin α は不変

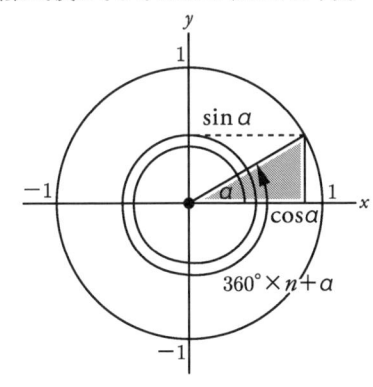

$\cos(360° \times n + α) = \cos α$
$\sin(360° \times n + α) = \sin α$

nは整数

2. x軸、y軸を軸に動径を対称移動させた場合の＋－は？

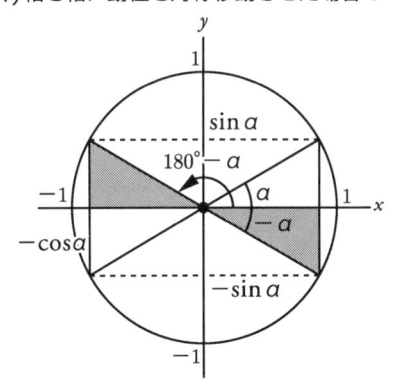

$\cos(-α) = \cos α$
$\cos(180° - α) = -\cos α$

$\sin(-α) = -\sin α$
$\sin(180° - α) = \sin α$

3. 90°－α で cos α、sin α は相互転換する

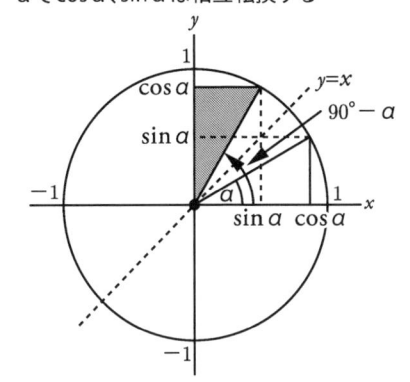

$\cos(90° - α) = \sin α$
$\sin(90° - α) = \cos α$

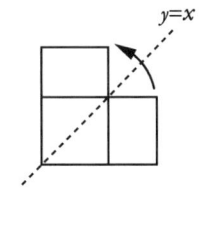

図頁 31

●三角関数5　〜余弦定理と加法定理〜

　三角関数で有名な正弦定理（正弦は sin を表し、sin の関係を含む公式）、余弦定理（余弦は cos を表し、cos を含む公式）のうち、余弦定理を証明したい。（正弦定理は『円』34 頁の証明参照）

1. 余弦定理とその証明
　余弦定理とは
- $a^2 = b^2 + c^2 - 2bc\cos A$、$b^2 = c^2 + a^2 - 2ca\cos B$、$c^2 = a^2 + b^2 - 2ab\cos C$
- $\cos A = \dfrac{b^2 + c^2 - a^2}{2bc}$、$\cos B = \dfrac{c^2 + a^2 - b^2}{2ca}$、$\cos C = \dfrac{a^2 + b^2 - c^2}{2ab}$

のように cos と辺との関係を示したものである。この定理は、三角形の図で簡単に理解できる第一余弦定理（右図）から、以下の証明で導き出されたため第二余弦定理と言う。実際には、第一余弦定理は使うことが少ないため、余弦定理と言えば、一般には第二余弦定理のことを示す。なおこの定理は直角三角形や鈍角三角形でも有効である。

【証明】 $\triangle ABH$ について三平方の定理から $BH^2 + AH^2 = c^2$。$(a - b\cos C)^2 + (b\sin C)^2 = c^2$。$a^2 - 2ab\cos C + b^2\cos^2 C + b^2\sin^2 C = c^2$。$a^2 - 2ab\cos C + b^2(\cos^2 C + \sin^2 C) = c^2$。$a^2 - 2ab\cos C + b^2 = c^2$。$c^2 = a^2 + b^2 - 2ab\cos C$。

2. 加法定理とその証明
- $\cos(\alpha + \beta) = \cos\alpha\cos\beta - \sin\alpha\sin\beta$
- $\sin(\alpha + \beta) = \sin\alpha\cos\beta + \cos\alpha\sin\beta$

（$\alpha = \beta$ の場合は $\cos 2\alpha = \cos^2\alpha - \sin^2\alpha$、$\sin 2\alpha = 2\sin\alpha\cos\alpha$ となり、これを特に2倍角の公式という。）

【$\cos(\alpha + \beta) = \cos\alpha\cos\beta - \sin\alpha\sin\beta$ の証明】

　半径1の円（単位円）を考える。$\triangle ACB$ について三平方の定理より $AC^2 + CB^2 = AB^2$。$(\cos\beta - \cos\alpha)^2 + (\sin\alpha - \sin\beta)^2 = AB^2$。$(\cos^2\beta - 2\cos\alpha\cos\beta + \cos^2\alpha) + (\sin^2\alpha - 2\sin\alpha\sin\beta + \sin^2\beta) = AB^2$。$(\cos^2\beta + \sin^2\beta) + (\cos^2\alpha + \sin^2\alpha) - 2\cos\alpha\cos\beta - 2\sin\alpha\sin\beta = AB^2$。$2 - 2\cos\alpha\cos\beta - 2\sin\alpha\sin\beta = AB^2$ …(1)。

　一方 $\triangle OAB$ で余弦定理を考え、$AB^2 = OA^2 + OB^2 - 2OA \times OB \times \cos(\alpha - \beta)$。単位円なので $OA = OB = 1$。$AB^2 = 2 - 2\cos(\alpha - \beta)$ …(2)。

　(1) (2) より $\cos(\alpha - \beta) = \cos\alpha\cos\beta + \sin\alpha\sin\beta$ …(3)。

　(3) より $\cos(\alpha + \beta) = \cos(\alpha - (-\beta)) = \cos\alpha\cos(-\beta) + \sin\alpha\sin(-\beta) = \cos\alpha\cos\beta - \sin\alpha\sin\beta$。

【$\sin(\alpha + \beta) = \sin\alpha\cos\beta + \cos\alpha\sin\beta$ の証明】

　前頁の3より $\sin(\alpha + \beta) = \cos(90° - (\alpha + \beta)) = \cos((90° - \alpha) + (-\beta))$。

　上記より、$\cos((90° - \alpha) + (-\beta)) = \cos(90° - \alpha)\cos(-\beta) - \sin(90° - \alpha)\sin(-\beta) = \sin\alpha\cos\beta - \cos\alpha(-\sin\beta) = \sin\alpha\cos\beta + \cos\alpha\sin\beta$。

1. 余弦定理とその証明

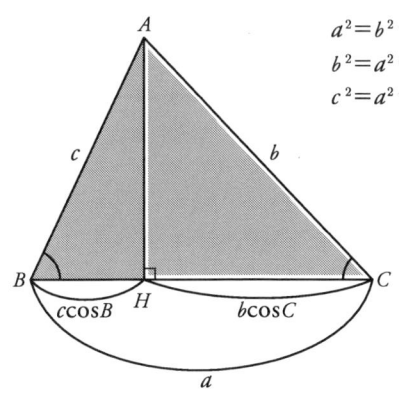

$$a^2 = b^2 + c^2 - 2bc\cos A$$
$$b^2 = a^2 + c^2 - 2ac\cos B$$
$$c^2 = a^2 + b^2 - 2ab\cos C$$

$$\cos A = \frac{b^2 + c^2 - a^2}{2bc}$$
$$\cos B = \frac{c^2 + a^2 - b^2}{2ca}$$
$$\cos C = \frac{a^2 + b^2 - c^2}{2ab}$$

$$\begin{pmatrix} 第一余弦定理 \\ a = b\cos C + c\cos B \\ b = c\cos A + a\cos C \\ c = a\cos B + b\cos A \end{pmatrix}$$

2. 加法定理とその証明

$$\cos(\alpha + \beta) = \cos\alpha \cos\beta - \sin\alpha \sin\beta$$
（コツコツ　－　シンシン）

$$\sin(\alpha + \beta) = \sin\alpha \cos\beta + \cos\alpha \sin\beta$$
（シンコツ　＋　コツシン）

2倍角の公式

$$\cos 2\alpha = \cos^2\alpha - \sin^2\alpha$$
（$\cos^2\alpha + \sin^2\alpha = 1$を代入すると）
$$\cos 2\alpha = 2\cos^2\alpha - 1 = 1 - 2\sin^2\alpha$$
$$\sin 2\alpha = 2\sin\alpha \cos\alpha$$

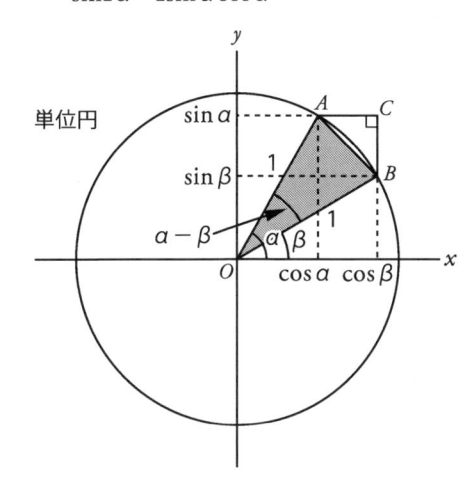

単位円

図頁32

●ベクトル1

1. 定義

物理における力や速度など向きと大きさを持った量をベクトル (vector) という。これに対し、面積、長さ、温度など向きを持たず大きさだけを持つ量をスカラー (scalar) という。ベクトルは始点と終点を持ちその間をつなぐ矢印で示す。O が始点、A が終点の場合、$\overrightarrow{OA}$ のように示す。また単に $\vec{a}$ のように示すこともある。$\overrightarrow{PQ}$ は $\overrightarrow{OA}$ と始点は異なるが向きと大きさは同じである。その場合は同じベクトルとみなす。したがってベクトルは長さを変えずに自由な位置に平行移動して考えてよい。長さが同じでも向きが異なれば同じベクトルではない。$2\vec{a}$ は $\vec{a}$ と同じ向きで長さが2倍であることを示す。

$-\vec{a}$ は $\vec{a}$ と反対向きで同じ長さのベクトルを示し、逆ベクトルという。始点と終点を逆にしたベクトルは逆ベクトルである。

2. 加法（合成）とゼロベクトル

ベクトルの加法は2つ解き方がある、$\vec{a}$ のベクトルの終点に、$\vec{b}$ の始点を合わせ、つなげる。その場合、$\vec{a}$ の始点と $\vec{b}$ の終点を結んだものがベクトルの和である。日常生活で考えると「家→学校、学校→図書館」を連続すると「家→図書館」となるようなものである。もう1つは $\vec{a}$ と $\vec{b}$ の始点を合わせ、それを2辺とする平行四辺形を書くとその対角線がベクトルの和になる。

元のベクトルと逆ベクトルをたすと元の始点に戻る。「家→学校、学校→家」を組み合わせると「家」に戻るようなものである。ベクトルの和の結果、始点と終点が一致してしまったベクトルは長さをもたないため、ゼロベクトルという。

3ベクトルの和がゼロベクトルになることもある。船橋市民ではない梨友（ふなっしーファン）が、船橋駅前のホテルに泊まり、ホテルからふなっしーイベント会場→梨直売場→ホテルと戻るようなものである。

この3力のベクトルの合計がゼロベクトルになる図を書くと三角形になることが多い。

3. ベクトルの減法

－ がついたベクトルを逆ベクトルにしたのちに、上記2.の加法を行う。

4. ベクトルの分解

合成の際の平行四辺形の逆の発想をし、ベクトルを分解することもできる。

1. 定義

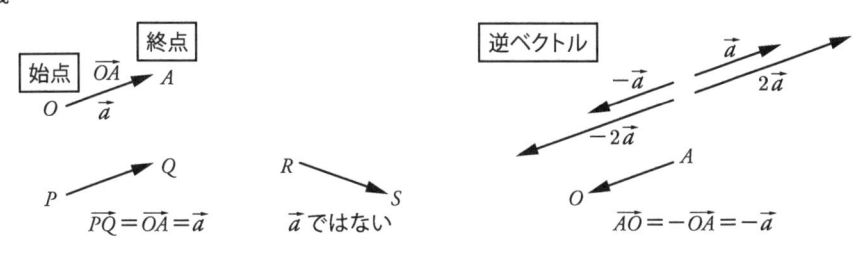

始点 $\vec{OA}$ **終点**

$\vec{PQ} = \vec{OA} = \vec{a}$

$\vec{a}$ ではない

逆ベクトル

$\vec{AO} = -\vec{OA} = -\vec{a}$

2. 加法（合成）と零ベクトル

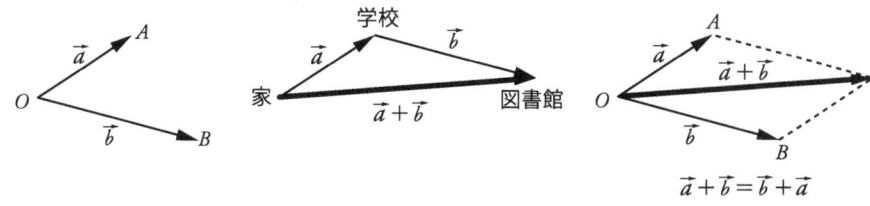

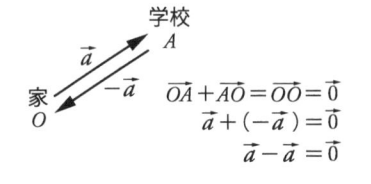

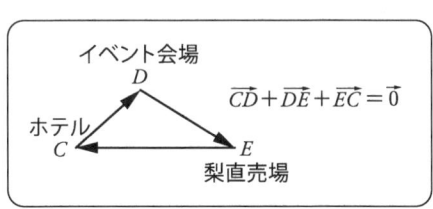

$\vec{a} + \vec{b} = \vec{b} + \vec{a}$

$\vec{OA} + \vec{AO} = \vec{OO} = \vec{0}$
$\vec{a} + (-\vec{a}) = \vec{0}$
$\vec{a} - \vec{a} = \vec{0}$

$\vec{CD} + \vec{DE} + \vec{EC} = \vec{0}$

3. 減法

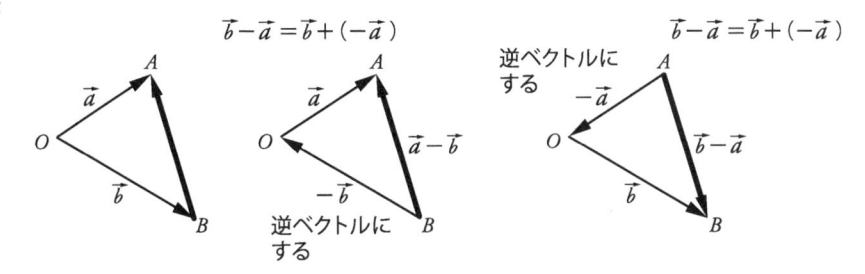

$\vec{b} - \vec{a} = \vec{b} + (-\vec{a})$

逆ベクトルにする

$\vec{b} - \vec{a} = \vec{b} + (-\vec{a})$

逆ベクトルにする

4. 分解

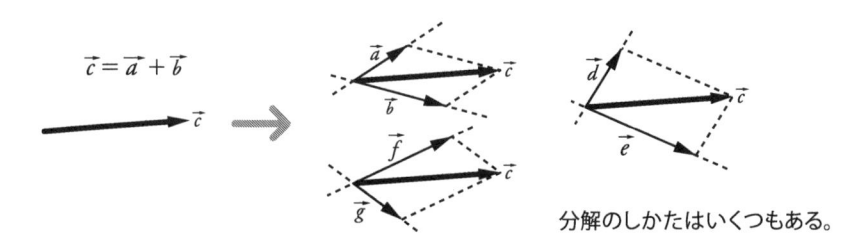

$\vec{c} = \vec{a} + \vec{b}$

分解のしかたはいくつもある。

図頁33

●ベクトル2　〜力の合成、つりあい、分解の表記〜

1. 力の合成とつりあい
　ベクトルにより「綱引き」「荷物運搬」などが考えやすくなる。F（ふなっしー）とC（チーバくん）で考えよう。Fは1人だが、Cは着ぐるみなので何体でも出現できる。FとCが協力して同じ向きに荷物を引いた場合、その力はFとCの合成となる。これを合力という。ただFとCが引く点が異なっていると合成とならない。2体のCが引きあった場合、力はつりあい物体が動かない。物体が大きい場合、力の働く線がずれると物体が回転することもある。完全につりあうには「大きさ同じ、向き反対、同一直線上（作用線上）」という3要素が必要である。これを「力のつりあい」という。

2. 3力のつりあい
　F（ふなっしー）、C（チーバくん）、K（くまモン）の3つどもえの綱引きを考えよう。3力がつりあい物体が動かないとき、「FCチーム合力（平行四辺形の対角線）がKとつりあっている」「FKチーム合力がCとつりあっている」「KCチーム合力がFとつりあっている」という3通りの見方ができる。さらに3力のベクトルを始点終点を交互になるように重ねると、前頁と同様、3力を3辺とする閉じた三角形が描ける。

3. 力の x 軸、y 軸（水平、垂直）成分への分解
　まさつのある坂道で物体が滑らずに止まっているときは、重力、（坂道に垂直方向に坂道が物体を支える）垂直抗力、（斜面に沿って上向きに働き滑りを防いでいる）まさつ力の3つの力がつりあっている。垂直抗力とは水平面においては物体を重力に逆らって支えている上向きの力である。地球上では1kgの物体に10N（ニュートン、力の単位）の力が働くので、水平面の場合、垂直抗力も10Nとなる。斜面においては垂直抗力は斜面に対して垂直方向になる。3つの図で力のつりあいを確認しよう。

(1) 3つの力のベクトルは閉じた三角形になる。

(2) 力を水平方向（x 方向）、垂直方向（y 方向）に分解して考え、力の各成分を N_x、N_y、f_x、f_y のように考える。すると、垂直方向は $G = N_y + f_y$、水平方向は $N_x = f_x$ とつりあう。

(3) 坂道に対して平行、垂直という軸で見ることもできる。重力10Nが垂直方向 $5\sqrt{3}$ N、平行方向5Nに分解でき、それぞれが垂直抗力、まさつ力につりあうので、垂直抗力は $5\sqrt{3}$ N、まさつ力は5Nとなると分かる。

　このように日常よくみかける物体の力のつりあいを考える際にも、ベクトル、三角関数（三角比）、そして小学校から慣れ親しんだ三角定規の辺比が有効である。

1. 力の合成とつりあい

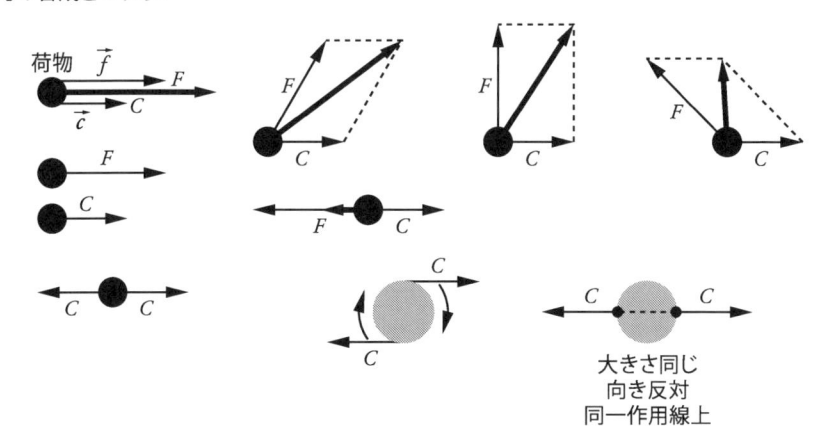

2. 3力のつりあい

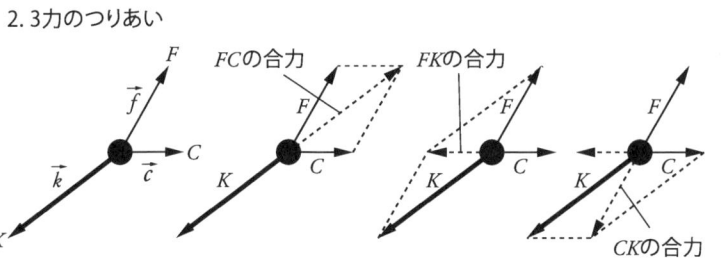

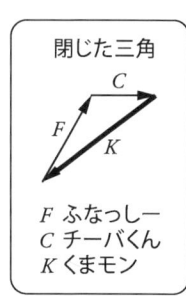

閉じた三角

F ふなっしー
C チーバくん
K くまモン

3. 力のx軸、y軸（水平、垂直）成分への分解

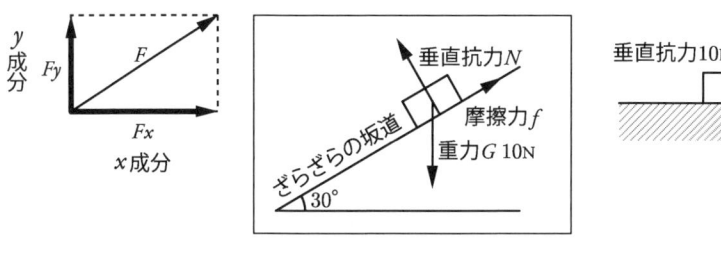

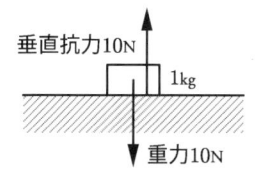

ざらざらの坂道 垂直抗力N 摩擦力f 重力G 10N 30°

垂直抗力10N 1kg 重力10N

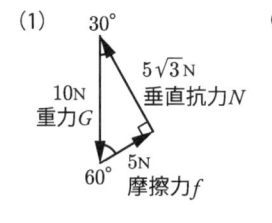

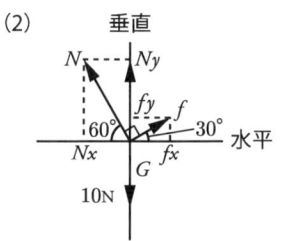

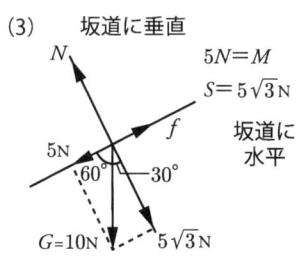

(1) 30° $5\sqrt{3}$N 垂直抗力N 10N 重力G 60° 5N 摩擦力f

(2) 垂直 N Ny fy f 60° 30° 水平 Nx G fx 10N

(3) 坂道に垂直 N $5N=M$ $S=5\sqrt{3}$N 坂道に水平 5N 60° 30° f $G=10$N $5\sqrt{3}$N

図頁34

●ベクトル3　〜物体の運動や速度の表記〜

1. 等速直線運動と等加速度運動

　次にベクトルを使って、運動や速度を考えてみよう。物体が同じ速度でまっすぐに運動を続けることを等速直線運動、同じ比率で加速しながら直進する運動を等加速度運動という。地球上ではまさつ力や空気抵抗があるため、単純な理論では本当は説明できないが、「等速直線運動」に近いものとしては、まさつが非常に少なく投げたときの速度が維持されるボウリングの玉の運動、「等加速度運動」としては、崖の上から鉄の玉を落とす自由落下運動があげられる。移動中の速度をベクトル表記すると等速直線運動ではベクトルの向き、大きさがずっと同じであり、等加速度運動では、向きは同じであるが、大きさはしだいに大きく、つまり加速されていく。

2. 放物線運動（崖から水平に投げだした玉の運動と運動の角度）

　崖から水平に投げだした玉は水平方向に進みながら、同時に下に落下していく。実際は水平方向の運動は空気抵抗にじゃまされ風向によっては崖の途中に押し戻されたりするので、風の弱い日に砲丸投げ選手に砲丸を水平に投げてもらった場合で考えよう。もちろん崖の下で人や動物がけがをしないように、その実験時間は人は立ち入り禁止で、動物があまりいない場所で行う。玉は水平方向についてボウリングの玉と同様、等速運動を行う。同時に垂直方向には等加速度運動を行い、垂直方向のベクトルはしだいに大きくなる。

　この水平、垂直方向の2ベクトルの合成がその瞬間の玉の速度のベクトルとなる。したがって図のようにしだいに水平に近い向きから徐々に垂直に近い向きに向きを変えていく。これが放物線運動である。この途中には水平方向から30°、45°、60°の角度をなす瞬間がある。放物線運動は水平方向の等速運動と垂直方向の等加速度運動の合成によるものである。

　一方、電車は水平方向で両者の運動を交互に繰り返している。西船橋駅を出発した総武線[19]各駅停車（千葉行き）は、（理想的には）等加速度運動をし、ある速度に達すると等速直線運動になる。そして船橋駅に近づくと減速する。減速は「負の加速度を持った等加速度運動」とも表現できる。つまり電車は駅近くと駅間でこの両者の運動を繰り返している。

---

[19] ここでは線路はまっすぐだとする。

1. 等速直線運動と等加速度運動

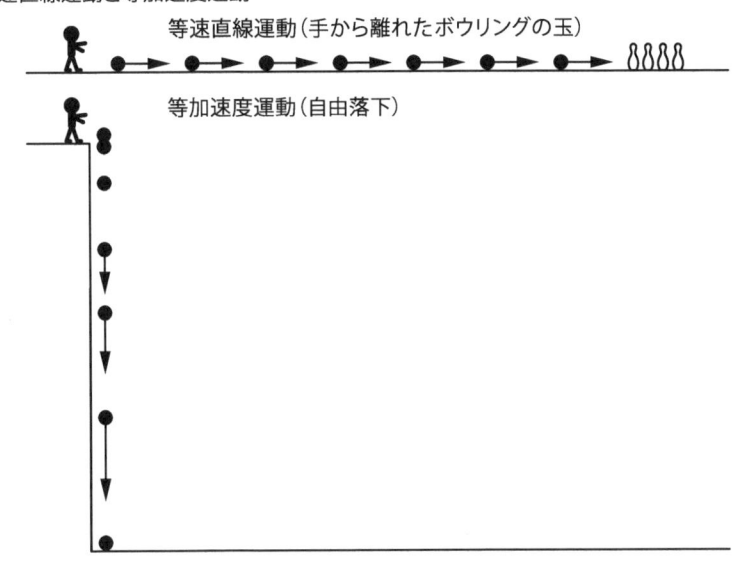

等速直線運動（手から離れたボウリングの玉）

等加速度運動（自由落下）

2. 放物線運動（崖から水平に投げ出した玉の運動と運動の角度）

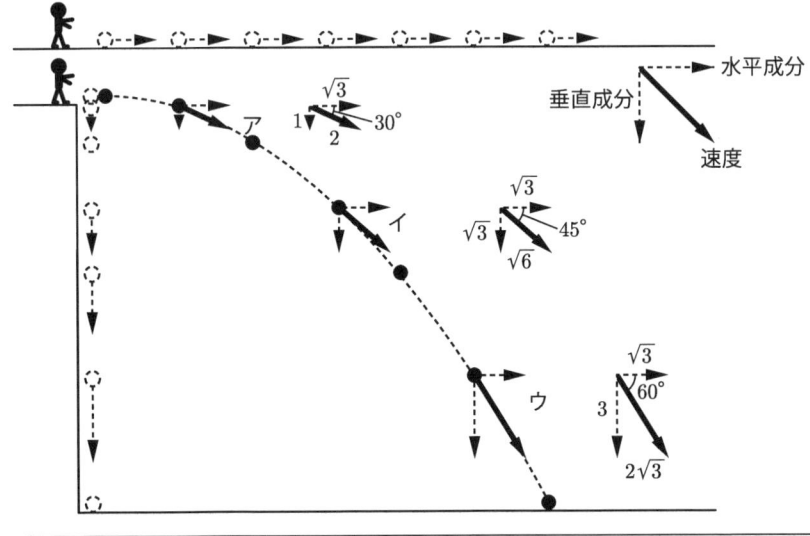

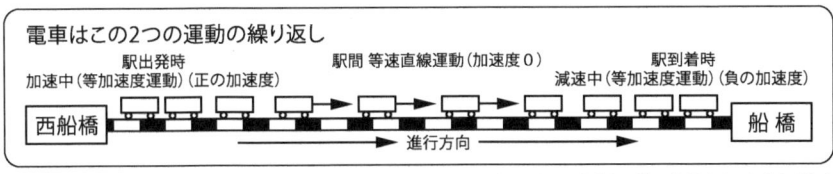

水平成分
垂直成分
速度

ア　$1, \sqrt{3}, 2, 30°$

イ　$\sqrt{3}, \sqrt{3}, \sqrt{6}, 45°$

ウ　$3, \sqrt{3}, 2\sqrt{3}, 60°$

電車はこの2つの運動の繰り返し

駅出発時　加速中（等加速度運動）（正の加速度）
駅間　等速直線運動（加速度0）
駅到着時　減速中（等加速度運動）（負の加速度）

西船橋　　進行方向　　船橋

※イメージ図のため、実際とは縮尺等異なることがあります

図頁35

●トラスとは？

1. 実例
　写真は、船橋から飯田橋に総武線で行くときに通る市川駅付近のJR総武線江戸川橋梁である。これは正三角形が組み合わされた構造をしている。正三角形以外でも鋼材などを様々な三角形の形に組み合わせて作る強い構造をトラス（truss）という。スカイツリーや高圧線鉄塔などにも使われている。

2. 三角形の安定性
　強度を必要とする構造になぜ三角形が使われているのだろうか？ 鋼材は強く折れたりはしないものとする。構造を四角形や五角形で作ると図のように、外力によって鋼材が折れなくても、節目（節点）のところで鋼材間の角度が変わり、変形してしまう。ところが三角形は3辺の位置が完全に固定されており変形しにくい。

3. 基本単位に働く力の応力図
　トラスは複数の三角形の組み合わせであるが、まずは1つの三角形、それももっともわかりやすい正三角形で外力をどう受け止めるか考えてみよう。「トラスの位置が変わらない」ことはトラスを支える支点（図では△で表記）において外力と、それと反対向きの反力がつりあっていることを示す。トラスを沼地に置けば、トラス自体は壊れなくても外力によって沼地にのめり込むはずなので、トラスが動かないということは外力と反力がつりあっていることを示している。つぎに「トラスが変形しない」ことは、トラスの辺をつなぎ合わせる節点（三角形の頂点）で力がつりあっていることを示し、節点のある辺で発生している力は同じ力が辺の反対側で発生していることも示す。とくにベクトルで節点の力の大きさと向きを示した図を応力図という。

　上から力が働くとそれを土台が支える。そのとき、鋼材 AB、AC、BC にも力が発生しているが、その向きはどうだろうか？ AB、AC は外力によって圧縮する方向の力を受けることが分かる。それを圧縮力というが、鋼材にはその圧縮力に対抗し、元の長さを維持する力が働くのでベクトルの向きは外向きに書き、数値は－で表現する。一方 BC 間はもし鋼材がなければ開脚させられるはずである。これを引張力といい、それに抗って真ん中に集まろうとする力が働くのでベクトルの向きは内向きに書き、数値は＋で表記する。

　節点でこれらの力や外力、土台の支持力が働く力と角度を抜書きし、節点に集まる3、4力が「閉じた三角形」を作るように値を求めていく。すると図のように力の大きさや向きが決定されていく。

1. 実例

トラス
（正三角形の繰り返し）
JR総武線江戸川 橋梁

2. 三角形の安定性

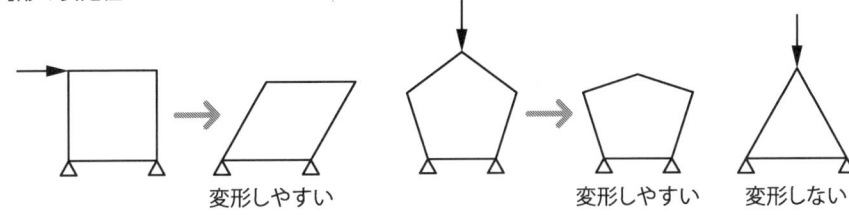

変形しやすい　　変形しやすい　　変形しない

3. 基本単位に働く力の応力図

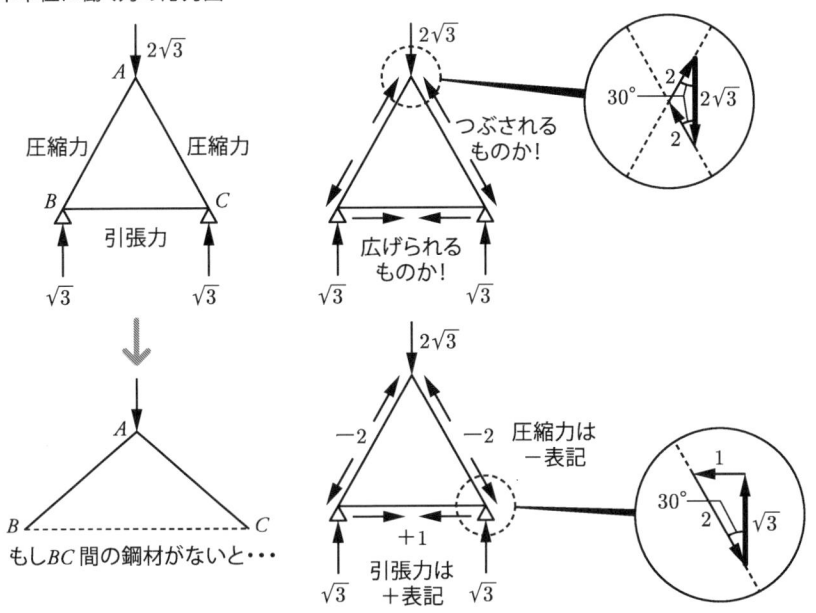

$2\sqrt{3}$

圧縮力　　圧縮力

B　　引張力　　C

$\sqrt{3}$　　$\sqrt{3}$

$2\sqrt{3}$

つぶされるものか！

広げられるものか！

$\sqrt{3}$　　$\sqrt{3}$

$30°$　　2　　$2\sqrt{3}$　　2

もしBC間の鋼材がないと・・・

$2\sqrt{3}$

-2　　-2　　圧縮力は－表記

$+1$

引張力は＋表記

$\sqrt{3}$　　$\sqrt{3}$

$30°$　　1　　2　　$\sqrt{3}$

図頁36

●応力図によるトラスの中の力の分析

複数の三角形の組み合わせで図のような外力が働いた場合のトラス構造で応力図を書いてみよう。このように建築物の構造強度を考える学問分野を構造力学という。

1. 支点に働く反力を求める

前頁の問題と違い、外力の働く点が中央部ではなく左に偏っている。モビールにおもりをぶら下げたとき、おもりに近い側に端からの距離に逆比例して力が働くことを考えれば、反力は、左側：右側＝3：1と分かる。

2. 最初に解ける節点を見つけ、応力図を対面する節点の力を含めて書く

鋼材や力の数が多く未知の力が多い部分（たとえば、外力が加わった部分は鋼材は3つも集まっていていずれも未知であり、未知の力が多い）を避け、鋼材が少ない部分に注目する。丸がこみの部分は反力がわかり、鋼材が2つなので「閉じた力の三角形」が書きやすい。角度に注意しながら「閉じた力の三角形」を書き、大きさを明示する。続いて、その力を求めることができた節点の鋼材の対面側にも力の矢印を書き込む。

3. 残った節点を、2の情報も加えながら解く

図のように残った節点について「閉じた三角形」を作り、力の大きさと向きを推定していく。この作業を2か所で行うと、結果的に残りの1か所の力はすべてわかり、それが閉じた4力を構成していることが確認できる。

このように身近な構造物にもベクトル、三角比、三角定規の角度比が使われている。

◆エルサトラス？

『アナと雪の女王』をあなたはご覧になっただろうか？「何回も見た」という人もいるようだが、エルサが作る氷の階段の手すりのトラスのような構造に気が付いただろうか？私は勝手にエルサトラス？と名付けている。このトラスの強度はどうなのだろうか？「魔法」で作ったものなので、「構造力学」とは別の力が働いているのかもしれないが、余力のある人は、ある力が加わったときの応力図を考えてみてほしい。そもそも、この重要なトラス構造を見落としている人は、もう一度トラスに注目しながら見てほしい。

応力図を書く

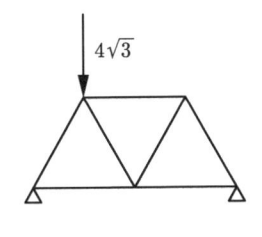

$4\sqrt{3}$

1. 支点に生じる反力を求める

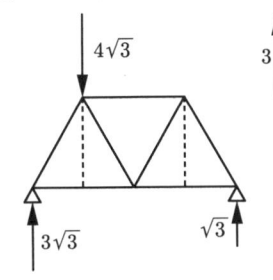

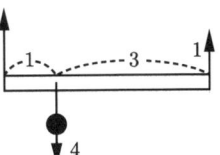

$4\sqrt{3}$

$3\sqrt{3}$　$\sqrt{3}$

3 — 1 ‥‥ 3 ‥‥ 1

4

モビールを支える力は
線分比の逆比

2. 最初に解ける節点を見つけ、応力図を対面する節点の力を含めて書く

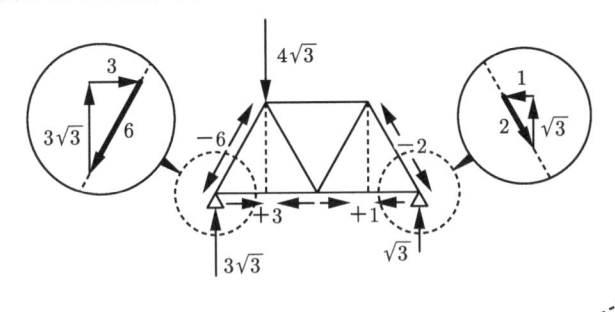

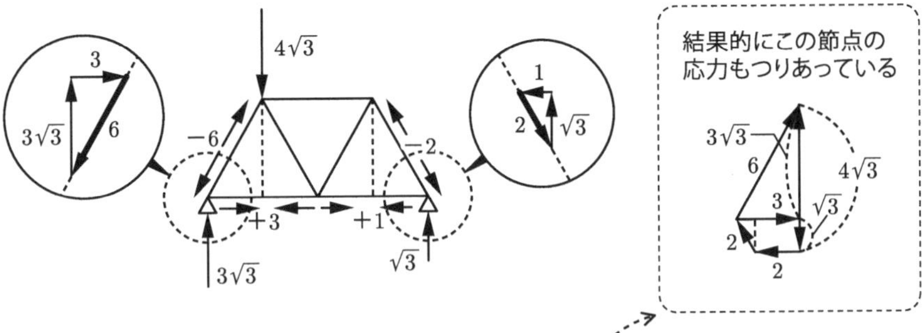

3　6
$3\sqrt{3}$

$4\sqrt{3}$
-6　-2
$+3$　$+1$
$3\sqrt{3}$　$\sqrt{3}$

1　2　$\sqrt{3}$

結果的にこの節点の
応力もつりあっている

$3\sqrt{3}$　6　$4\sqrt{3}$
3　$\sqrt{3}$
2　2

3. 残った節点を、2の情報も加えながら解く

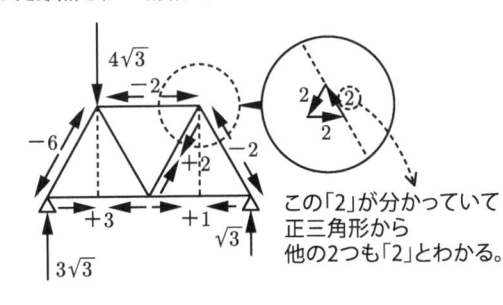

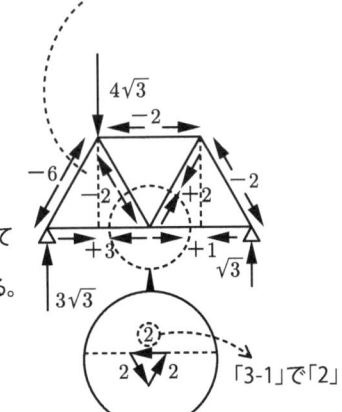

$4\sqrt{3}$
-2
-6　-2
$+2$
$+3$　$+1$
$3\sqrt{3}$　$\sqrt{3}$

2　②
2

この「2」が分かっていて
正三角形から
他の2つも「2」とわかる。

$4\sqrt{3}$
-2
-6　-2
-2　$+2$
$+3$　$+1$
$3\sqrt{3}$　$\sqrt{3}$

②
2　2

「3-1」で「2」

◆エルサトラス？ 〜「アナと雪の女王」の氷の階段の手すり

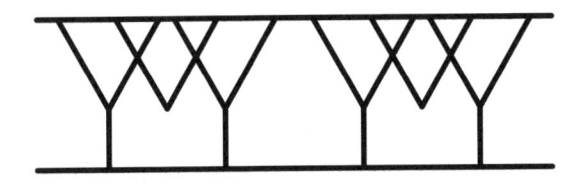

強度は？
応力図は？

●球面三角形　〜非ユークリッド幾何学〜

1. ユークリッド幾何学の第5公準

　古代ギリシャのユークリッドは少ない定義、定理から出発し、段階的に証明をつみあげて初等幾何学の体系を作った数学者である。
　ユークリッドは図形の証明の前提として、5つの原理（公準）があると考えた。このユークリッドの5公準は以下のものである。
(1) 任意の点から任意の点へ直線を引くことができる
(2) 有限直線（線分）を1直線に連続して延長することができる
(3) 任意の中心と距離をもって円を描くことができる
(4) すべての直角は互いに等しい
(5) 1直線が2直線に交わり同じ側の内角の和を2直角（180°）より小さくするならば、この2直角は限りなく延長されると2直角より小さい角のある側において交わる（平行線公理）

この第5公準は裏返しに「同じ側の内角の和が180°」（→11頁）の場合は平行線であることを示しているとも考えられるので「平行線公理」と言われる。

2. 球面三角形

　ある人が南向きに歩き、90°方向転換し東向きに歩き、また90°方向転換し北向きに歩くと、最初と最後の進路は平行線になる。この道は決して三角形とはならない。「同じ側の内角の和」が180°なので、第5公準の示す通りである。
　ところが、次のような場合はどうだろうか？　海も高い山も平気で歩ける人がいたとする。北極から経度0°（本初子午線）を南下する。赤道にいきつくとそこで90°方向転換し東に進み東経90°まで進む。東経90°に行き着くと90°方向転換し北に進み北極に着く。北極で90°方向転換すると最初の本初子午線での南下のスタート方向と同じとなる。2回90°曲がって、元の位置に戻り、3回目に90°向きを変えると元の方向になるということは内角90°を3つ持つ三角形を書いたようなものであり、「三角形の内角の和180°」にも「同じ側の内角の和が180°の場合、2線は平行で交わらない」というこれまでの考えと矛盾する。なぜだろうか？　それは移動する地球自体が、球面で曲がっており、そこに実際は曲線になるように三角形を描いていることになっている。これを球面三角形という。

3. 非ユークリッド幾何学

　曲面上で描く図形においては、ユークリッド幾何学の第5公準「平行線公理」は成り立たない。このように幾何学（図形に関わる数学）の基礎を作ったユークリッドの体系以外で新たに生み出されてきた幾何学を、非ユークリッド幾何学という。幾何学はさらにその重層性を増して発展していったし、今もその過程にある。

1. ユークリッド幾何学の第5公準

「1直線が2直線に交わり同じ側の内角の和を2直角（180°）より小さくするならば、この2直線は限りなく延長されると2直角より小さい角のある側において交わる」（平行線公理）

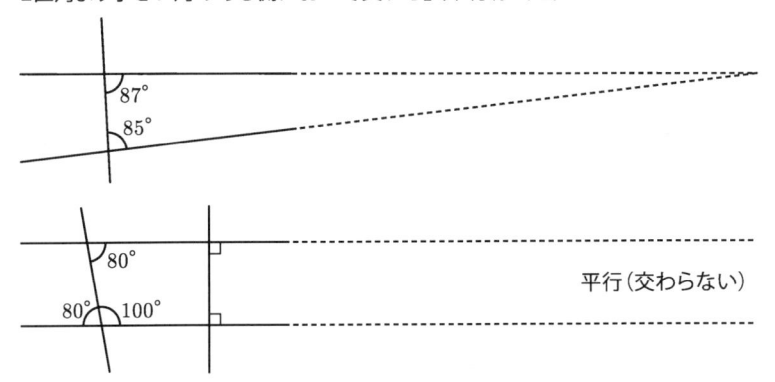

87°
85°

80°
80° 100°

平行（交わらない）

2. 球面三角形

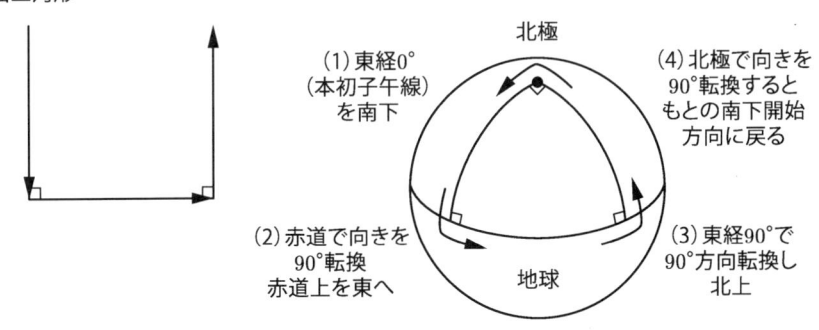

(1) 東経0°
（本初子午線）
を南下

北極

(4) 北極で向きを
90°転換すると
もとの南下開始
方向に戻る

(2) 赤道で向きを
90°転換
赤道上を東へ

地球

(3) 東経90°で
90°方向転換し
北上

球面三角形（球面上の三角形）の内角の和は
180°とは限らない（180°より大きい）。

●あとがき
1. 東日本大震災、福島第一原発事故を経て
　私は1990年より、駿台予備学校市谷校舎（医学部受験専門校舎）などで生物を教えてきたが、大学受験数学は教えていない。そんな私が今回、数学の専門的掘り下げの書のシリーズと並んで「初等幾何」の本を書くことになったのは不思議なご縁である。2011年3月11日の東日本大震災とその後の福島第一原発事故により、福島県から多くの方々が船橋、飯田橋など首都圏に避難されてきた。避難家族が精神的、経済的にたいへんな状況の中、避難小中学生が落ち着いて勉強する場を作ろうと、船橋で学習サポートをはじめ、また飯田橋のカトリック修道院で行われている学習サポートに参加した。船橋では高校受験対策も行ったが、私の専門である理科（生物学）だけでなく、数学に対するニーズが高かった。そのような経過で中学数学と高校入試対策を勉強、分析し直すことになった。

2. トイレの床タイルの水玉模様
　30年以上前の大学受験のとき私は数学が好きで得意だった。なぜ好きになったかを考えてみると、実家（愛知県豊橋市）のトイレの水玉模様に思いいたる。いつも「長い用」をたすときには、ずっと水玉模様をつなぎ合わせ三角形、四角形などを造形していた。高校のとき、「座標」で、図形と数式の世界がつながり、複数の解法や発想のできる数学に魅了された。大学合格後は、あまり勉強しなくなり、専門も数学をあまり使わない分野に進んだこともあり、数学への興味は眠っていった。

　その後、原発事故を機に数学との縁が深くなり、この3年間中学生に教えることを通じて、30年ぶりに魅惑的な数学の世界に再会することとなったのは不思議なご縁である。

3. 街の中にある三角形「トラス」と小学生が持つ「三角定規」
　数学には純粋な学問世界とともに、現実社会への応用という側面がある。どちらの世界も魅力的であるし相互に連関しあっているが、私はどちらかというと現実社会への応用という側面のほうが好きである。皆さんの中にも、理論とともに、現実社会との関連がわかったほうが面白いと感じる人もいるのではないだろうか？　今回、私自身が三角形と現実社会との関連で一番おもしろかったのはトラスである。そして「構造力学」という専門分野の基礎は、高校数学の三角関数、ベクトルで理解でき、さらにその根元には小学校から使い慣れているはずの「三角定規」があることを感じ、皆さんにお伝えできただけでも、本書を書くために「三角形」を学び直した意味があったと感じている。そして『円』のあとがきにも書いたが、学年ごとに分割して勉強するのではなく、小中高の数学という学問を貫く糸を概観したほうが、むしろ小中高校生、受験生の勉強のイメージが膨らむのではないかと感じている。もちろん、学び直しで大人の方々にもお読みいただきたい。また本書をきっかけに、さらに下記に示したような本をお読みいただくことをお勧めしたい。本書と姉妹書『円』が、多くの方々が数学、特に図形、幾何学に親しむきっかけになれば幸いである。

最後に短期集中の日程での発行にあたっておつきあいいただいた編集者、イラストレーターに感謝いたします[20]。

●参考文献

[1] 岡本 和夫 著、『数学活用 楽しい数学の世界』、実教出版、2013 年。ISBN 978-4-407-20209-0
[2] 細谷 治夫 著、『三角形の七不思議 単純だけど、奥が深い』（ブルーバックス）、講談社、2013 年。ISBN 978-4-06-257823-3
[3] アルフレッド・S. ポザマンティエ、イングマール・レーマン 著、坂井公 訳、『偏愛的数学 II 魅惑の図形』、岩波書店、2011 年。ISBN 978-4-00-005981-7
[4] 砂田 利一 著、『現代幾何学への道――ユークリッドの蒔いた種』（数学、この大きな流れ）、岩波書店、2010 年。ISBN 978-4-00-006793-5
[5] I.M. ゲルファント、E.G. グラゴーレヴァ、A.A. キリーロフ 著、冨永 星、赤尾 和男 訳、『座標』（ゲルファント先生の学校に行かずにわかる数学 2）、岩波書店、2000 年。ISBN 978-4-00-006702-7
[6] 安田 亨、松本 眞 著、『なっとくの高校数学―図形編』、日本評論社、2005 年。ISBN 978-4-535-78365-2
[7] 清 史弘 著、『図形と式』（駿台受験シリーズ 分野別 受験数学の理論）、駿台文庫、2004 年。ISBN 978-4-7691-1276-5
[8] シンキロウ 著、『"距離"のノート』、暗黒通信団、2011 年。ISBN 978-4-87310-158-3
[9] 小泉 武美、藤井 衛 著、『図説 構造力学』、東海大学出版、2004 年。ISBN 978-4-486-01639-7
[10] 大田 和彦 著、『史上最強図解 これならわかる! 構造力学』、ナツメ社、2011 年。ISBN 978-4-8163-5113-6
[11] 桜井 進 著、『雪月花の数学―日本の美と心に潜む正方形と $\sqrt{2}$ の秘密』、祥伝社、2006 年。ISBN 978-4-396-61272-6
※ 『雪月花の数学―日本の美と心をつなぐ「白銀比」の謎』（祥伝社黄金文庫）、祥伝社、2010 年。ISBN 978-4-396-31513-9

---

[20] 編注: 本書では、著者が船橋市議をしている関係で、郷土愛にあふれるあまり、船橋市、ふなっしー、総武線のネタが時折出てくるが、あくまで、世界共通の三角形、数学の理解の一助になるものとしてご容赦いただきたい。

◆拙著

[1] 朝倉 幹晴 著、『休み時間の生物学』（休み時間シリーズ）、講談社、2008 年。
ISBN 978-4-06-155701-7
[2] 北原 雅樹 監修、朝倉 幹晴、田野尻 哲郎 著、『病気とくすりの基礎知識』、
講談社サイエンティフィク、2013 年。ISBN 978-4-906464-18-0
[3] 朝倉 幹晴 著、『円 小中学生から学べる初等幾何学入門』、暗黒通信団、2014 年。
ISBN 978-4-87310-215-3
[4] 朝倉 幹晴 著、『三角形 小中学生から学べる初等幾何学入門』、暗黒通信団、2014 年。
ISBN 978-4-87310-212-2
[5] 朝倉 幹晴 著、『図形の証明』、暗黒通信団、2015 年。ISBN 978-4-87310-010-4
[6] 朝倉 幹晴 著、『ナイチンゲール生誕 200 年—その執念と夢』、暗黒通信団、2020 年。
ISBN 978-4-87310-242-9
[7] 朝倉 幹晴 著、『ウイルスと遺伝子』、暗黒通信団、2020 年。ISBN 978-4-87310-245-0

朝倉 幹晴（あさくら みきはる）略歴

愛知県豊橋市出身。東大理Ⅰ入学・農学部卒。その後、駿台予備学校生物科講師。船橋市議（無党派・文教委員）。日本分子生物学会・日本がん学会会員。

公式サイト https://asakura.chiba.jp
Facebook asakuramiki
Twitter @asakuramikiharu
メール info@asakura.chiba.jp
（感想・ご質問などいつでもお寄せください。）

三角形 ― 小中学生から学べる初等幾何学入門 ―

2014 年 9 月 30 日 初版 発行
2015 年 7 月 2 日 第 2 版 発行
2017 年 11 月 1 日 第 2 版 2 刷 発行
2022 年 6 月 3 日 第 3 版 発行
著 者　朝倉 幹晴（あさくら みきはる）
発行者　星野 香奈（ほしの かな）
発行所　同人集合 暗黒通信団（https://ankokudan.org/d/）
　　　　〒277-8691 千葉県柏局私書箱 54 号 D 係
本 体　333 円 / ISBN978-4-87310-212-2 C6041

乱丁落丁は在庫がある限り取り替えます。著者から直接購入の場合はサインします！

© Copyright 2014–2022 暗黒通信団　　Printed in Japan